Bernhard Hellmuth

Selbst attraktive Möbel aus Porenbeton gestalten

Compact Verlag

Alle Anleitungen wurden
sorgfältig erprobt – eine
Haftung kann dennoch
nicht übernommen werden.
Redaktion: Anne Kaspar, Andrea Nölle
Abbildungen: Alle aus dem Fotoarchiv der Hebel AG, Fürstenfeldbruck,
außer Abbildungen 2–3 auf Seite 13: TOX-Dübel-Werk, Bodman-Ludwigshafen
Baupläne und Zeichnungen: Peter Jocher
Umschlaggestaltung: Inga Koch
Druck: Color-Offset GmbH, München
ISBN: 3-8174-2220-2
2222206

Ein Wort zuvor

Selbermachen – ein Hobby, das heute für Millionen zur sinnvollen Freizeitbeschäftigung geworden ist. Ob es sich nun um die gemietete Altbauwohnung oder um die eigenen vier Wände handelt, mit etwas Geschick und einer fachmännischen Anleitung lassen sich oft verblüffende Ergebnisse erzielen: bei kleineren Reparaturen, beim Renovieren und Verschönern und beim Um- und Ausbauen.
Und Selbermachen bringt Spaß. Freude an der eigenen Arbeit, deren Ergebnis man Tag für Tag sehen und »bewundern« kann; es spart Geld, mit dem sich langgehegte Wünsche erfüllen lassen, und es macht unabhängig von Handwerkern, auf die man womöglich wochenlang und schließlich vergeblich gewartet hat.
Fachgeschäfte, Heimwerker- und Baumärkte versorgen den Hobby-Handwerker mit allen Werkzeugen und Materialien, die er braucht. Doch richtiges Werkzeug und Begeisterung allein reichen nicht aus. Unerläßlich sind eine gründliche Vorbereitung und Fachkenntnisse, wie eine Arbeit durchzuführen und was dabei zu beachten ist.
COMPACT PRAXIS **Selbst attraktive Möbel aus Porenbeton gestalten** zeigt, wie man's macht. Mit wertvollen Tips und Tricks, die sich in der Praxis tausendfach bewährt haben. Jeder Arbeitsgang wird ausführlich Schritt für Schritt gezeigt und in Bild und Text erläutert. Übersichtliche Symbole zeigen auf einen Blick, mit welchem Schwierigkeitsgrad, welchem Kraft- und Zeitaufwand Sie bei jedem Arbeitsgang rechnen müssen, welche Werkzeuge Sie brauchen und wieviel Geld Sie durch Ihre eigene Arbeit einsparen können.

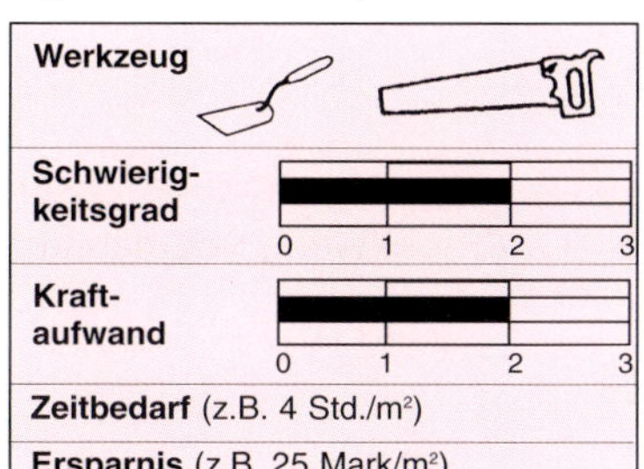

Und so stufen Sie sich richtig ein:

Schwierigkeitsgrad 1 – Arbeiten, die auch der Ungeübte ausführen kann. Es ist nur geringes handwerkliches Geschick erforderlich.

Schwierigkeitsgrad 2 – Arbeiten, die einige Übung im Umgang mit Werkzeug und Material erfordern. Es ist handwerklich durchschnittliches Geschick notwendig.

Schwierigkeitsgrad 3 – Arbeiten, die fachmännische Übung erfordern. Überdurchschnittliches Geschick ist erforderlich.

Kraftaufwand 1 – Leichte Arbeit, die jeder bequem erledigen kann.

Kraftaufwand 2 – Arbeiten, die eine gewisse körperliche Kraft voraussetzen.

Kraftaufwand 3 – Arbeiten für kräftige Heimwerker, die keine »Knochenarbeit« scheuen.

Auf einen Blick

Materialkunde

Werkzeugkunde

Grundkurse

Arbeitsanleitungen

»Design aus Stein« – entdecken Sie Ihre Kreativität

Offene Küche

Partykeller

Extravaganter Schreibtisch

Wer durch Möbelhäuser bummelt, sich Einrichtungszeitschriften anschaut, wird schnell feststellen, daß es gar nicht so einfach ist, etwas wirklich ganz Persönliches zu finden, das auch finanzierbar ist. Wer es sich nicht leisten kann oder will, muß entweder mit den Produkten »von der Stange« vorliebnehmen oder sich seine eigenen »Kreationen« schaffen.

Letzteres ist heute einfacher als je zuvor und neuerdings auch aus einem Material möglich, das bisher nur Fachleuten vorbehalten war: Stein.

Stein ist seit jeher sowohl Werkstoff für Kunst und Design als auch reines Zweckmaterial zum Erstellen langlebiger Bauwerke. Manche Steine sind schwer zu verarbeiten, und es bedarf viel Erfahrung und spezieller Maschinen, um sie zu formen.

Anders ist das bei Porenbetonsteinen. Ihre Porenstruktur erlaubt eine einfache Ver- und Bearbeitung ohne aufwendige Werkzeuge. Man kann sie mit einer Handsäge millimetergenau zurechtsägen, einzelne Teile nahezu nahtlos miteinander verkleben, Rundungen, Reliefs, Auskerbungen etc. problemlos aus dem Stein herauskratzen und praktisch jedes Bauvorhaben ausführen – vom Hausbau bis zum Einbau einer Kellerbar, von der Industriehalle bis zum Designertisch.

Sie können sich an Ausbau- und Einbaumaßnahmen heranwagen, für die Sie bisher weniger massive Bauteile eingesetzt hätten. Stein ist eben Stein. Das merkt man und sieht man Ihren »Bauten« auch an. Schon relativ einfache Konstruktionen erhalten einen besonderen Reiz und eine ganz persönliche Note. Und wenn eine Konstruktion einmal nicht auf Anhieb sitzt, versucht man es einfach von neuem, denn das Material verzeiht manchen Fehler. Dadurch ist es auch für weniger Geschickte geeignet.

Der Baustoff Porenbeton ist unverrottbar und bei entsprechendem Oberflächenschutz auch für Badezimmereinbauten, Terrassen- und Gartenkonstruktionen einsetzbar. Außerdem ist er unbrennbar und feuerwiderstandsfähig. Das gibt zusätzliche Sicherheit und ermöglicht es Ihnen, z.B. einen dauerhaften, wetterfesten Gartengrill zu konstruieren und zu bauen. Viel Vergnügen beim »massiven« Heimwerken.

Ein Baustoff ohne Wenn und Aber

Das Material gehört zur **Baustoffgattung** »Porenbeton«. Seine Herstellung erfolgt mit äußerster Präzision, seine Anwendungsmöglichkeiten als Bau- und Werkstoff sind nahezu unbegrenzt. Die eigentliche Domäne von Porenbetonbauteilen ist der Bau von Häusern, Wohnungen, Industriebauten, Bürogebäuden und öffentlichen Bauvorhaben, bei denen sie sich seit Jahrzehnten im In- und Ausland bewähren. Ob »Bauprofi« oder »Do-it-yourself-Bauherr«, ob Einfamilienhaus oder Hochhaus, ob Produktionshalle, Bürogebäude oder Schule – dank seiner hervorragenden bauphysikalischen Eigenschaften und seiner rationellen Verarbeitung setzt sich der praktische Baustoff am modernen Bau immer mehr durch. Bauwerke, die damit errichtet wurden, sind massiv und wertbeständig für Generationen.

Wie leicht und einfach Beton zu verarbeiten ist, werden Ihnen die folgenden Grundkurse zeigen. Und was im kleinen gilt, ist natürlich auch im großen richtig. Nutzen Sie deshalb die Vorteile dieses Baustoffs auch bei Ihren »großen« Bauvorhaben – ob Sie einen Neubau planen, einen Anoder Umbau vorhaben oder Ihr Haus renovieren wollen.

Bevor Sie Ihr erstes Werk in Angriff nehmen, sollten Sie die Herstellung und die wichtigsten **Eigenschaften** des Materials kennenlernen.

Ökotip

Die Rohstoffe für die Herstellung von Porenbeton sind in der Natur reichlich vorhanden und umweltschonend abbaubar.

Das patentierte Herstellungsverfahren ist energiesparend und umweltfreundlich. Luft, Wasser und Boden belastende Schadstoffe fallen nicht an.

Das Aufblähen der Rohmasse mit Luft wirkt sich zudem rohstoffsparend aus.

Sand, Zement, Kalk und **Wasser** werden unter Zugabe eines Treibmittels vermischt und in Formen gegossen. Das **Treibmittel** hat dabei einen ähnlichen Effekt wie das Backpulver beim Sonntagskuchen: es entstehen Millionen kleinster **Luftporen**. Nach dem Abbinden werden aus den halbfesten Rohblöcken maschinell mit großer Genauigkeit die verschiedenen Porenbetonbauteile geschnitten.

Millionen kleinster Luftporen

In Autoklaven erfolgt dann die **Dampfhärtung** der Bauteile. Damit ist der Herstellungsprozeß abgeschlossen.

Aus einem Kubikmeter Sand entstehen ungefähr fünf Kubikmeter Baumaterial. Die Luftporen machen es möglich. Sie sind zum großen Teil Ursache für die hervorragenden technischen Vorteile, die den »High-Tech-Baustoff« Porenbeton auszeichnen.

Massiv, druckfest und trotzdem leicht zu verarbeiten: Trotz hoher Druckfestigkeit und großen Formats sind die Steine leicht

Bauteile aus Porenbeton

und – was für Sie besonders wichtig ist – einfach zu bearbeiten. Sie lassen sich leichter sägen als Holz, problemlos durchbohren und mit einfachen Werkzeugen in jede gewünschte Form bringen.

Ein komplettes Bausystem: Porenbetonbauteile und Ergänzungsprodukte sind systemgerecht aufeinander abgestimmt. Eines paßt zum anderen: Steine, Stürze, Fertigmörtel, Putze, Werkzeuge etc. So entstehen Häuser aus »einem Guß«, vom Keller bis zum Dach.

Hohe Wärmedämmung: Das Maß für die Wärmedämmung ist der vielzitierte **k-Wert**. Mit einer einschaligen, 30 cm dicken Außenwand aus Porenbetonsteinen wird, ohne zusätzliche **Dämmstoffe**, ein k-Wert von 0,34 W/(m^2K) erreicht. Er liegt damit deutlich über den Normen der geltenden Wärmeschutzverordnung.

Ökotip

Der hohe Wärmedämmwert von Porenbeton spart wertvolle Energie. Das entlastet Ihren Geldbeutel und die Umwelt.

Gute Wärmespeicherung: Porenbeton kann besonders gut Wärme speichern, d. h. er nimmt Heizwärme oder Außenwärme auf und gibt diese bei niedrigerer Temperatur – beispielsweise wenn nachts die Heizung abgesenkt wird – wieder an den Innenraum ab. Im ausgewogenen Zusammenspiel mit der hohen Wärmedämmung ergeben sich so stets ausgeglichene, angenehme Raumtemperaturen im ganzen Haus.

Atmungsaktiv: Die richtige relative Luftfeuchtigkeit ist eine entscheidende Voraussetzung für ein wohngesundes, angenehmes **Raumklima**. Auch in diesem Punkt sind aus Porenbeton gebaute Häuser vorbildlich.
Denn dieser Baustoff verfügt über eine – so der Fachausdruck – gute **Dampfdiffusion.**
Er nimmt Luftfeuchtigkeit auf, transportiert sie ins Innere und gibt sie wieder an die Raumluft im Haus ab.
Bildlich gesprochen können Porenbetonwände »atmen« und leisten damit – zusammen mit ihrer hohen Wärmedämmung und Wärmespeicherung – einen entscheidenden Beitrag für ein bio-

logisch gesundes, angenehmes Raumklima im ganzen Haus.

Wohngesund: Weder bei seiner Herstellung noch bei seiner Verarbeitung fallen Schadstoffe an. Porenbeton setzt auch nach der Fertigstellung des Bauvorhabens keine giftigen Stoffe frei. Porenbetonplansteine sind von zahlreichen Institutionen anerkannt und führen u. a. das Prüfsiegel »biologisch«.

Unbrennbar und feuerbeständig: Dieser Baustoff gehört nach DIN 4102 zu den nicht brennbaren Baustoffen der Klasse A1. Je nach Ausführung erfüllen Porenbetonbauteile die Anforderungen aller **Feuerwiderstandsklassen**. Für Sie bedeutet das zusätzliche Sicherheit.

Schalldämmung: Ohne zusätzliche Dämmaßnahmen erfüllt der Baustoff alle geltenden Normen.

Geringe Wasseraufnahme: Bedingt durch die geschlossenen Poren der Baustoffstruktur geht die Wasseraufnahme bei Porenbetonbauteilen bedeutend langsamer vor sich als bei Baustoffen mit Kapillarstruktur.

Vorteilhaftes Bausystem

Vielfältige Gestaltungsmöglichkeiten

Kombination mit Fachwerk

Gesundes Wohnklima

Geringe Frostempfindlichkeit: Porenbetonbauteile sind nicht frostempfindlich, als kalk-/zementgebundener Baustoff nicht frostgefährdet, solange der Feuchtigkeitsgehalt eine gewisse Höhe nicht überschreitet. Doch sind Baumaterialien grundsätzlich während der Frostperiode vor Durchfeuchtung zu schützen.

Massiv und dauerhaft: Die verwendeten Rohstoffe, und damit natürlich auch der Baustoff Porenbeton selbst, sind »anorganisch«. Im Gegensatz z.B. zu ungeschütztem Holz und anderen Baumaterialien auf organischer Basis können Porenbetonbauteile deshalb auch nach Jahrzehnten nicht verrotten.

Übersicht über das wichtigste Material

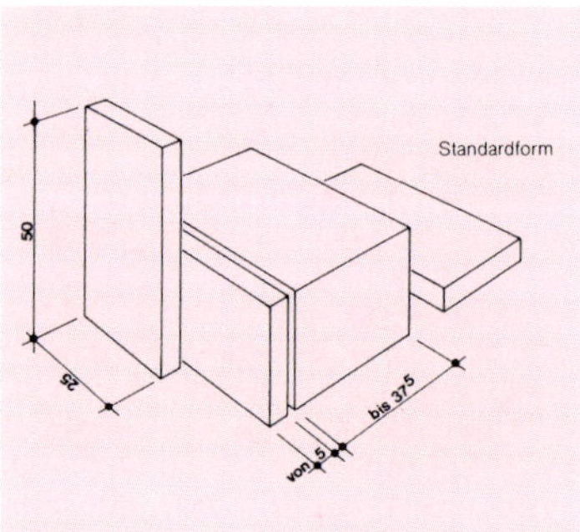

Standardformate

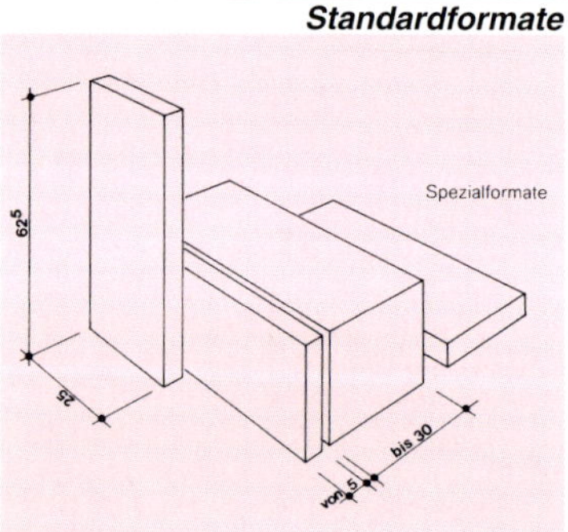

Spezialformate

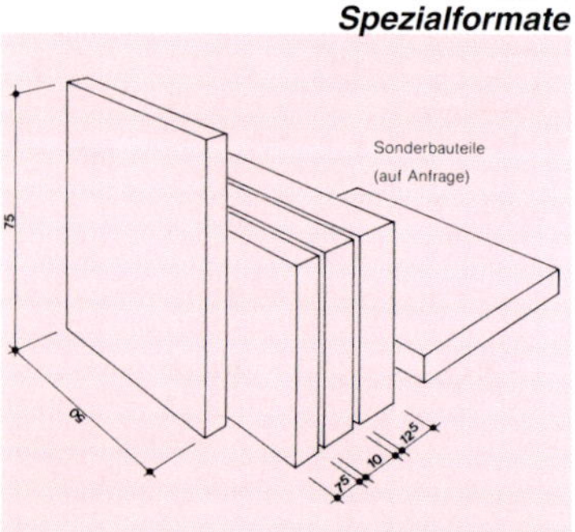

Sonderbauteile

Mit dem Porenbetonbausystem steht Profis ebenso wie Do-it-Yourselfern ein Programm an **Bauteilen** (Steine, Bauplatten, Stürze, bewehrte Platten) und **Ergänzungsprodukten** (Mörtel, Kleber, Putze) zur Verfügung, das aufeinander abgestimmt, praxisgerecht und einfach zu verarbeiten ist. Alle Bauteile sind miteinander kombinierbar. Komplizierte »Materialkombinationen« und unterschiedliche Vorbereitungs- und Ausführungsarbeiten erübrigen sich.

Die wichtigsten Bauteile und Ergänzungsprodukte sind im Handel (Baustoffhandel und gut sortierte Baumärkte) vorrätig.

Steine und Planbauplatten

Steine und Planbauplatten werden in verschiedenen **Druckfestigkeitsklassen** hergestellt (G2, G4 und G6), die hauptsächlich beim Bau von Häusern von Bedeutung sind. Für die gezeigten Aufbauten genügen Steine und Planbauplatten der Festigkeitsklasse G2. Porenbetonbauteile können hochkant stehend, hochkant liegend und flachliegend (z.B. als Regalboden) eingebaut werden.

Steine und Planbauplatten werden in drei Grundlängen und -höhen geliefert. Die Dicken bzw. Breiten der Bauteile sind variabel.

Standardformate: Hier steht das breiteste Sortiment für die verschiedensten Einsatzgebiete zur Verfügung.
Länge: 50 cm; Höhe: 25 cm; Dicken: 5/7,5/10/12,5/15/17,5/ 20/ 25/30/37,5 cm.

Spezialformate: Durch das große Format besonders schnell und praktisch zu verarbeiten, speziell geeignet für Innenausbauten.
Länge: 62,5 cm; Höhe: 25 cm; Dicken: 5/7,5/10/12,5/15/17,5/20 cm.

Sonderbauteile: Durch ihr Überformat sind die Planbauplatten für den Heimwerker als Abdeckplatten interessant.
Länge: 75 cm; Höhe: 50 cm; Dicken: 7,5/10/12,5 cm.

Bewehrte Bauteile

Zur Überbrückung von größeren horizontalen Spannweiten (ab 50 bis 100 cm), z.B. bei Bänken und Tischen, die höhere ruhende oder auch bewegte Lasten aufnehmen sollen, müssen bewehrte Bauteile – mit Stahlstäben – eingesetzt werden.

Stürze: Sie werden in der Regel hochkant eingesetzt. Sie können aber auch z.B. als Regalboden liegend eingebaut werden. Bei einem Mindestauflager von 2,5 cm (siehe auch S. 24/25) können damit lichte Weiten von maximal 119 cm überbrückt werden.

Deckenplatten: Damit lassen sich besonders große Spannweiten belastbar überbrücken. Sie sind im Baufachhandel nicht vorrätig und müssen entsprechend der von Ihnen vorgegebenen Länge bestellt werden. Standardgrößen: Breite 62,5 cm; Länge bis 6 m (auf Anfrage bis 7,5 m); Dicken 10 bis 30 cm in 2,5 cm Stufen (Länge bis 7,5 m auf Ihre Anfrage).

Bogenstürze: Für besondere optische Effekte. Damit erübrigt sich das Ausschneiden von Rundungen aus dem Mauerwerk. Bogenstürze gibt es als Rundbogen, Korbbogen und Segmentbogen. Dicken: 12,5 und 25 cm, Länge 126/138,5 und 151 cm, lichte Weite 76/88,5 und 101 cm.

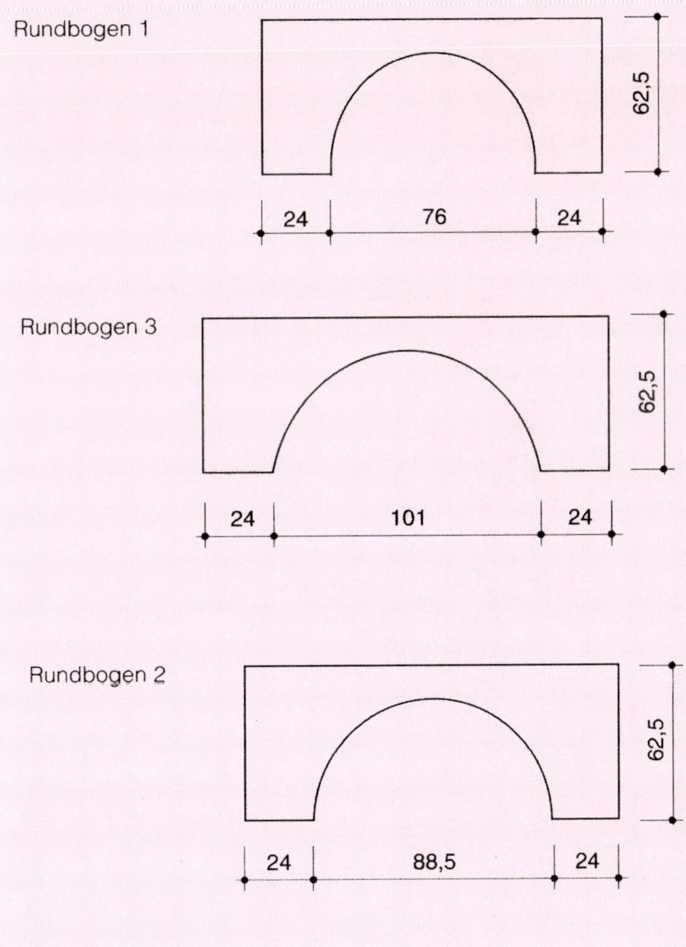

Bewehrte Bauteile

Kleber, Mörtel und Befestigungsmittel

Mörtel

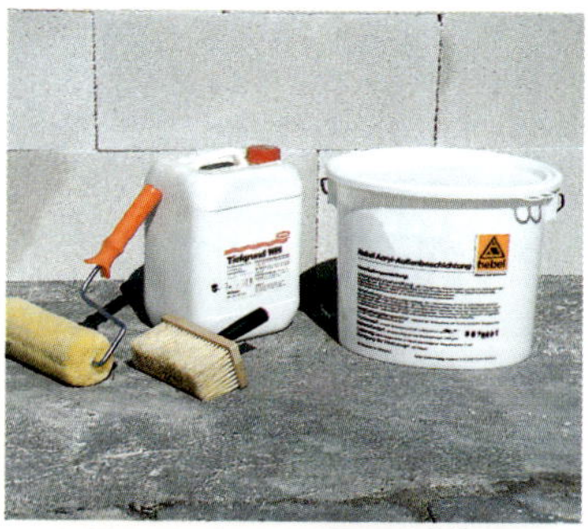

Beschichtungen

Putze

Kleber und Mörtel

Alle Porenbetonbauteile werden in ausgereifter Schneidetechnik maßgenau hergestellt. Diese Maßgenauigkeit ermöglicht die »Klebetechnik« der Plansteinverarbeitung, wobei ein praktisch fugenloses Mauerwerk entsteht.

Mit folgenden zwei Produkten ist dies möglich:

Trockenkleber: Für Bauvorhaben im Haus, die nicht dem Wetter ausgesetzt sind, gibt es einen Dispersionskleber (Porenbeton geeignet). Er ist gebrauchsfertig und wird laut Anweisung aufgetragen (lieferbar: in der 0,5 kg-Kartusche und im 4,5 kg-Eimer).

Dünnbettmörtel: Mit der vorgeschriebenen Wassermenge angerührt ist Dünnbettmörtel sofort gebrauchsfertig. Sie tragen ihn mit einer Zahnkelle oder Zahnspachtel auf. Diesen Dünnbettmörtel gibt es in Gebinden von 5 und 10 kg.

Fliesenkleber: Die absolut ebene Wandoberfläche des Betonmauerwerks erlaubt das Fliesen im Dünnbettverfahren. Dazu können handelsübliche Zementmörtel für die Fliesenverlegung nach DIN 18 156 mit Zusätzen aus Kunststoff-Dispersionen verwendet werden.

Putze und Beschichtungen

Spezielle Putze sind exakt auf den Baustoff abgestimmt. Falls Sie andere Putze verwenden, müssen Sie auf deren Eignung für Porenbetonsteine achten, da es sonst zu Rißbildungen kommen kann.

Fertigputze: Sie werden meist in Säcken von 25 bis 40 kg geliefert. Sie brauchen sie nur – wie in der Arbeitsanleitung beschrieben – mit Wasser anzurühren.

Profitip

Sind die angebotenen Gebindemengen für Ihr Bauvorhaben zu groß, z.B. bei kleineren Aufbauten mit wenig Fläche oder wenn Sie nur als Tapezieruntergrund verspachteln müssen, können Sie handelsübliche Spachtelmassen auf Gipsbasis verwenden.

Tiefgrund: Farbloses Acrylharz, das tief in die Poren einzieht. Es wird angewendet, wenn die Porenstruktur der Porenbetonsteine erhalten bleiben soll (Sichtmauerwerk). Tiefgrund reicht innen als Schutzbeschichtung aus, außen dient er als Grundierung für eine Acrylbeschichtung.

Acryl-Außenbeschichtung: Weiße, wasserabweisende Kunstharz-Dispersionsbeschichtung. Geeignet als Wetterschutz für Sichtmauerwerk.

Glättputz für innen: Einlagiger Feinputz auf Gipsbasis, ergibt eine glatte Oberfläche, auch zur Untergrundbehandlung bei späterem Tapezieren zu verwenden. Im 40 kg-Sack ausreichend für ca. 10 m^2-Putzfläche.

Strukturputz für außen: Einschichtiger, wasserabweisender Putz, kunstharzvergütet. Kann zu glatten und strukturierten Putzoberflächen verarbeitet werden. Naturweiß, einfärbbar nach Farbkarte. Wird nicht mehr gestrichen. Im 25 kg-Sack ausreichend für ca. 3 m^2 Putzfläche bei 10 mm Dicke.

Grundputz für außen: Alternative zum erwähnten Strukturputz. Dieser Grundputz wird anschließend mit geeigneten Farben gestrichen.

Putzschienen: Zum Schutz von Ecken, Laibungen etc. Sie dienen als Maß für die richtige Putzdicke und sind auch in verschiedenen Farben, die der Putztönung angepaßt sind, erhältlich. Bei Ihrer Bestellung müssen Sie vor allem zwischen Putzschienen für den Innen- bzw. Außenbereich unterscheiden.

Befestigungen

Wichtig für die Auswahl der Befestigungsmittel ist die Art der Belastung, der sie ausgesetzt sind, oder ob sie im Innenbereich bzw. außen verwendet werden. Für den Außenbereich ist auf ausreichenden Rostschutz zu achten.

Nägel: Für niedrige Verankerungslasten, wie z.B. die Lattung für Holzverkleidungen und sonstige leichte Ausbauteile, liefern die Herstellerfirmen konische; verzinkte Vierkantnägel als spezielle Porenbetonnägel, von 6 bis 18 cm Länge.

Dübel: Geeignet sind nahezu alle handelsüblichen Dübeltypen. Für hohe Verankerungslasten gibt es spezielle Porenbetondübel, die sich durch ihre Ausformung besonders fest in das poröse Material verkeilen.

Profitip

Verwenden Sie bei besonders schweren Lasten oder dynamischen Beanspruchungen und ähnlichen Fällen Injektionsanker oder sogenannte Durchsteckmontagen.

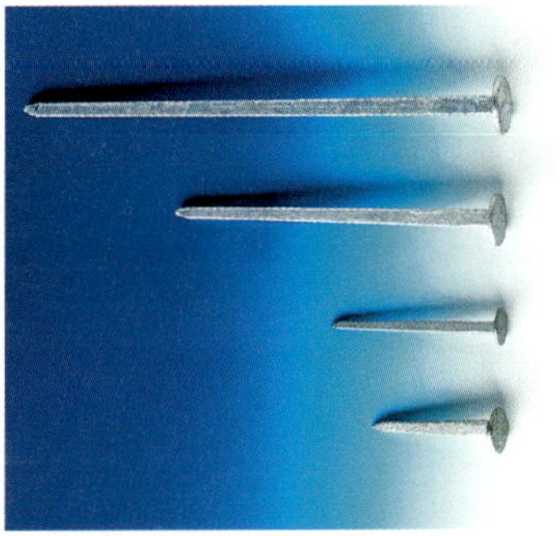

Porenbetonnägel

Porenbetondübel VLF

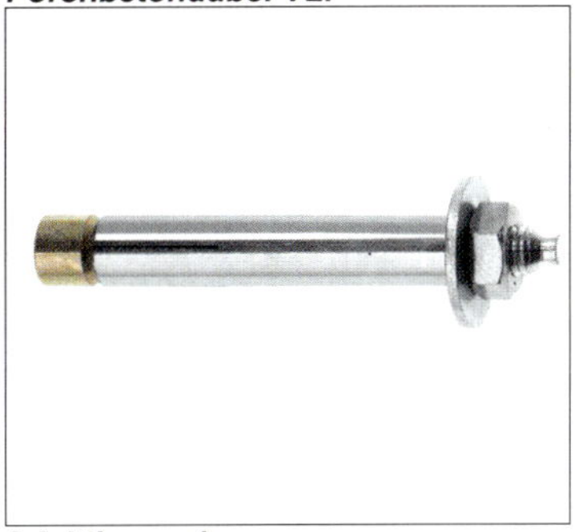

Injektionsanker

Die wichtigsten Werkzeuge

Auf diesen beiden Seiten finden Sie Kurzbeschreibungen der wichtigsten Werkzeuge, die Sie zum Bau von Möbeln aus Porenbeton benötigen. Welche Werkzeuge Sie für die einzelnen Arbeitsgänge und -anleitungen brauchen, ersehen Sie jeweils aus den Abbildungen unter der Rubrik »Werkzeug«, die am Anfang jeder Arbeitsanleitung zu finden ist. Die meisten dieser Werkzeuge sind sehr gebräuchlich und ohnehin im Besitz eines jeden Heimwerkers, einige der Geräte müssen Sie sich eventuell extra beschaffen.

Grundausstattung zur Be- und Verarbeitung

1
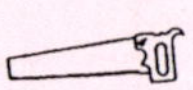

2
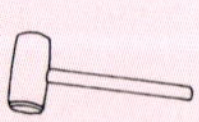

3
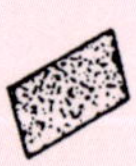

4

5

6
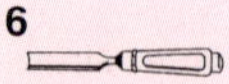

1 **Fuchsschwanz (oder Widiasäge):** Mit dieser Säge ist es sehr leicht, die Porenbetonsteine auf die für Ihr Bauwerk nötigen Größen zurechtzuschneiden.

2 **Gummihammer:** Den großen Gummihammer benötigen Sie, um die Porenbetonblöcke gegeneinanderzutreiben und die gesetzten Steine auszurichten.

3 **Schleifpapier:** Grobes Schleifpapier benötigen Sie, um Unebenheiten von Schnittflächen zu beseitigen, Rundungen herzustellen und anderes mehr.

4 **Zahnspachtel:** Mit der Zahnspachtel tragen Sie Mörtel oder Kleber auf. Die Masse läßt sich mit dieser Spachtel gut gleichmäßig verteilen.

5 **Bohrmaschine:** Mit der elektrischen Bohrmaschine bohren Sie die Löcher, in die Sie die nötigen Dübel setzen. Beachten Sie, daß Sie auf keinen Fall den Schlagbohrgang verwenden.

6 **Stemmeisen:** Mit dem Stemmeisen können Sie alle Kerbungen vornehmen, die beispielsweise zum Verlegen von Leitungen nötig sind.

7

7 **Meißel:** Der Meißel ist ebenfalls ein geeignetes Werkzeug, um in Porenbeton Schlitze zu schlagen. Sie benötigen ihn auch, um Formstücke herzustellen.

Grundausstattung zum Messen und exakten Ausrichten

8
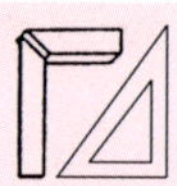

9
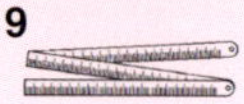

10
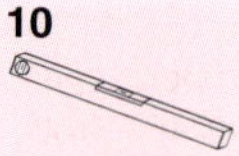

11
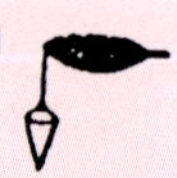

12
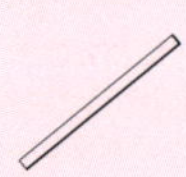

8 **Winkel oder großes Dreieck:** Mit einem Winkel oder einem großen Dreieck kontrollieren Sie, ob die Porenbetonsteine zueinander oder zur Wand im rechten Winkel stehen. Exaktes Ausrichten ist besonders wichtig, wenn zum Beispiel in Küchen später Elektrogeräte eingepaßt werden sollen.

9 **Zollstock:** Den Zollstock oder aber auch ein Bandmaß benötigen Sie, um den zur Verfügung stehenden Raum, die Höhe von Aufbauten usw. zu vermessen.

10 **Wasserwaage:** Mit der Wasserwaage überprüfen Sie, ob alle Porenbetonsteine genau senkrecht oder waagrecht stehen. Verlassen Sie sich nie auf Ihr Augenmaß.

11 **Senklot:** Das Senklot dient dazu, den senkrechten Stand von Wänden und Aufbauten zu überprüfen. Bei größeren Höhen ist es geeigneter als die Wasserwaage.

12 **Richtlatte:** Mit der Richtlatte stellen Sie sicher, daß alle Steine in einer Flucht gesetzt sind. So können Sie sicher kontrollieren, ob manche Steine weiter von der Wand oder anderen Bezugspunkten entfernt sind als andere. Wollen Sie überprüfen, ob die verbauten Steine über eine längere Strecke in der Waagerechten sind, so stellen Sie die Wasserwaage auf die meist wesentlich längere Richtlatte.

Für den Porenbetonbau besonders geeignetes Werkzeug

13
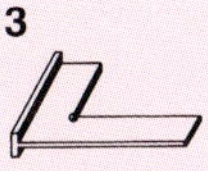

13 Anschlagwinkel: Mit dem Anschlagwinkel behelfen Sie sich, wenn Sie winkelgenau sägen müssen. Sie können ihn so ansetzen, daß er sich nicht verschiebt, und genau im rechten Winkel zugleich in Breite und Tiefe anreißen.

14
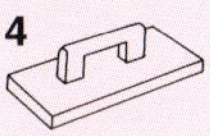

14 Schleifbrett: Das Schleifbrett dient dazu, kleine Unebenheiten bei senkrechten Flächen auszugleichen.

15

15 Porenbetonhobel: Mit dem Porenbetonhobel gleichen Sie grobe Unebenheiten auf waagrechten Flächen aus.

16

16 Mörtelquirl: Den Mörtelquirl verwenden Sie als Einsatz für eine langsam laufende, elektrische Bohrmaschine. Stellen Sie also auf jeden Fall den Langsam-Gang ein, wenn Sie den Dünnbettmörtel anrühren. Es ist immer sinnvoll, den Mörtelquirl zu verwenden, um eine knollenfreie Durchmischung zu gewährleisten.

17
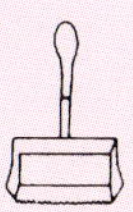

17 Plansteinkelle: Um Dünnbettmörtel aufzutragen, verwenden Sie die Plansteinkelle, die es in allen Größen, passend zur jeweiligen Steinbreite, gibt. Diese Kelle erleichtert Ihnen die Arbeit, da sie weitgehend verhindert, daß der Dünnmörtel beim Auftragen an den Seiten des Steins herabläuft. Sie erleiden keinen überflüssigen Materialverlust und ersparen sich lästige Reinigungsarbeiten.

18
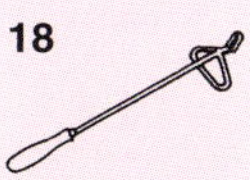

18 Schlitzkratzer: Um die nötigen Schlitze für Installationen in Wänden herzustellen, verwenden Sie den Schlitzkratzer.

19
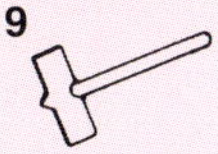

19 Steckdosenbohrer: Für die Herstellung von Schalter- und Steckdosenöffnungen wurde ein spezieller Steckdosenbohrer als Einsatz für Ihre elektrische Bohrmaschine entwickelt.

20

20 Dorn: Mit dem Dorn schlagen Sie Dübellöcher vor.

Werkzeuge zum Verputzen und Beschichten

21

21 Richtscheit: Mit dem Richtscheit stellen Sie sicher, daß die Putzschicht gleichmäßig aufgetragen ist. Es eignet sich sehr gut, um größere Oberflächen glattzuziehen.

22
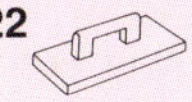

22 Holz- oder Kunststoffscheibe: Mit einer geeigneten Scheibe verreiben Sie die aufgetragene Putzschicht.

23
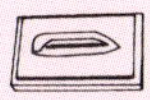

23 Filzbrett oder Schwammscheibe: Mit einem Filzbrett oder einer Schwammscheibe können Sie eine möglichst glatte Oberfläche des Putzes herstellen.

24
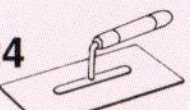

24 Glättkelle: Mit der Glättkelle (Traufel) tragen Sie den Putz auf.

25

25 Lammfellrolle: Die Lammfellrolle ist dazu geeignet, auf die verputzten Flächen waschfeste Farbe aufzutragen.

26
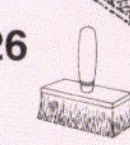

26 Deckenbürste: Die Deckenbürste eignet sich am besten, wenn Sie eine Grundierung aufbringen wollen.

27

27 Spachtel: Zum Verspachteln von Fugen und zum Verputzen an den Kanten sind kleinere Spachteln sehr hilfreich.

28
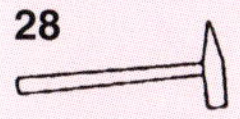

28 Hammer: Mit dem Hammer arbeiten Sie dann, wenn es gilt, gröbere Formen herauszuschlagen.

29

29 Raspel: Zur Oberflächenbearbeitung bietet der Fachhandel gröbere und feinere Raspeln an. Sie sollten sich ein kleines Sortiment bereitstellen.

30

30 Feile: Feilen dienen zur letzten, feinen Oberflächenbearbeitung. Sie sind in verschiedenen Breiten und als Rundfeilen erhältlich.

31
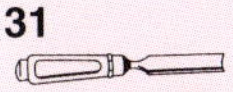

31 Rundstecheisen: Mit dem Rundstecheisen bearbeiten Sie die Vertiefungen und Rillen.

32
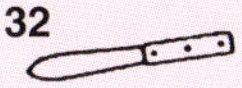

32 Messer: Taschenmesser, aber auch Speisemesser eignen sich hervorragend zur feinen Formgestaltung.

33

33 Stahlbürste: Mit der Stahlbürste strukturieren Sie die Oberfläche Ihrer Porenbetonwerke.

So bereiten Sie den Bauablauf vor

1

2

3

1 Der Transport: Der Baustoff Porenbeton ist ein Leichtgewicht unter den Massivbaustoffen. Daher werden Sie sicher genügend Helfer finden, wenn Sie das Baumaterial transportieren müssen. Sie erleichtern sich zudem den Transport, wenn Sie mehrere Steine mit der Sackkarre fahren und gegebenenfalls zu zweit über die Treppe an den Bauort bringen.

Profitip
Vor dem Transport der Bauteile durch Haus oder Wohnung empfiehlt es sich, die feinen Staubreste, die bei der Herstellung (Schneidvorgang) auf der Oberfläche entstanden sind, gründlich abzukehren oder den Transportweg mit Folie abzudecken. Porenbetonstaub ist sehr fein und läßt sich, besonders wenn er festgetreten ist, nur schwer entfernen.

Das Einrichten der Baustelle: Nachdem Sie den **Arbeitsplatz** großzügig mit Folie abgedeckt haben, ordnen Sie alle Materialien griff- und einbaugerecht an. Kleinere Arbeiten, z.B. Couchtische, müssen nicht unbedingt an Ort und Stelle aufgebaut werden. Sie lassen sich auch nach dem Zusammenbau noch transportieren. Sorgen Sie in diesem Fall für einen absolut ebenen Arbeitsplatz. Das kann eine Tischplatte, eine entsprechend große Spanplatte oder direkt der Estrichboden des jeweiligen Raumes sein.

2 Vorbereiten des **Bauablaufs**: In diesem Stadium können Sie nochmals genau kontrollieren, ob alles stimmt. Eventuelle Fehler im Plan lassen sich leicht korrigieren, und Sie können Ihr Bauvorhaben um neue Ideen, die Ihnen bei der Vorbereitung kommen, bereichern.
Der erste Schritt der Vorbereitung ist das Anzeichnen des Grundrisses. Zeichnen Sie dazu den Grundriß Ihres Bauwerks direkt auf den Boden oder auf die rutschfest fixierte Folie und gegebenenfalls – z.B. bei Regalen und Küchen – auch an die Wand. Berücksichtigen Sie dabei die ausgewählten Steindicken.

3 Stellen Sie nun die Steine auf den angezeichneten Stellen trokken aneinander und legen Sie eventuell auch schon die zweite und dritte Lage auf. Die Kontrolle des Bauablaufs kann und sollte auch in mehreren Schritten und während der erforderlichen Bauphasen erfolgen.

Sicherheitstip
Bauen Sie Ihr Objekt nur soweit auf, daß nicht die Gefahr besteht, daß das ungesicherte Bauwerk zusammenfällt.

4 Messen Sie die Bauteile, die Sie waagrecht einbauen möchten, besonders exakt nach. Prüfen Sie, ob auf den senkrecht stehenden Steinen oder Aufmauerungen genügend Platz für die Auflagerflächen der waagrecht zu verlegenden Bauteile vorhanden ist (mind. 2,5 cm auf jeder Seite). So können Sie auch prüfen, ob Sie die Öffnungen richtig berechnet haben.
Denken Sie daran, daß die endgültigen Maße der Öffnungen um die Dicke eventuell vorgesehener Putzschichten abnehmen (Skizze Seite 33), und zwar an allen Seiten.

5 Schneiden Sie Schrägen, Rundungen und andere **Paßstücke**, soweit möglich, schon vor Beginn der Aufbauarbeiten mit der Säge zurecht. Das beschleunigt später den Bauablauf.

4

5

Auf die erste Lage kommt es an

1

Die erste Lage innen

1 Ideal ist es, wenn Sie Ihr Bauwerk direkt auf den **Estrich** mauern können. Aber auch auf anderen glatten, harten Untergründen wie Parkett, Fliesen und PVC-Böden wird ohne Ausgleichsschichten gemauert. Kleinere Bauvorhaben – z.B. Regale – können Sie sogar auf niederflorigen Teppichboden stellen. In jedem Fall empfiehlt es sich, eine großzügig bemessene Folie oder unbesandete Dachpappe planeben auszulegen. Nach Fertigstellung des Mauerwerks schneiden Sie die überstehende Folie oder Pappe einfach ab.

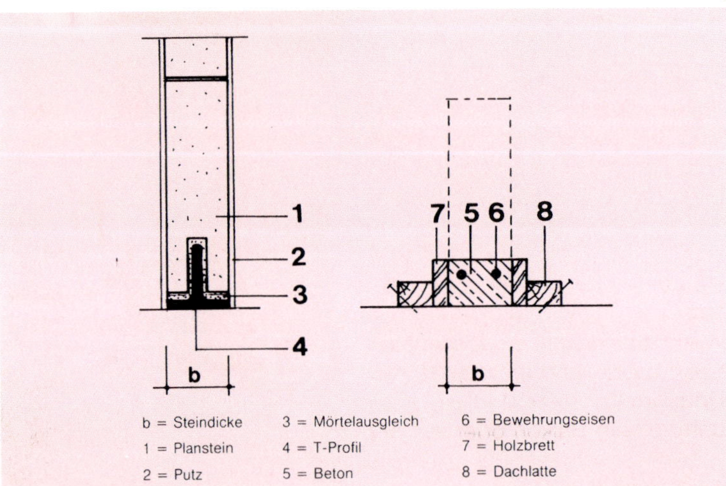

2

Sicherheitstip

Bei schwingenden Böden – z. B. Holzbalkendecken in Altbauten – sollten Sie bei größeren Aufbauten einen Statiker zu Rate ziehen, der Ihnen die Belastbarkeit Ihres Fußbodens genau berechnet. Um mögliche Schwingungen des Bodens, die sich möglicherweise auf das Mauerwerk übertragen und dadurch zu Rissen führen können, abzufangen, sollten Sie Ihr Mauerwerk auf einem festen Untergrund erstellen.

2 Wenn Sie auf etwas unebenem Holzfußboden bauen, empfiehlt es sich grundsätzlich, ein Mörtelbett anzulegen.
Der **Untergrund** sollte möglichst eben und stabil sein, um der Gefahr von **Rißbildungen** vorzubeugen. Grundregel: Je schwerer die Aufmauerung, desto fester muß der Untergrund sein.

Legen Sie dazu einen bewehrten **Betonsockel** in der Breite des Mauerwerks an oder verlegen Sie ein **T-Profil**, das der Belastung durch das Bauwerk standhält. Die untere Steinlage muß dann in der Tiefe des Profils ausgespart werden. Das T-Profil sollten Sie unbedingt mit **Rostschutzfarbe** streichen.

Die erste Lage außen

3 Wenn Sie außen in ungeschütztem Gelände z.B. einen Garagenanbau für eine Grill- oder Kaminecke planen oder auch nur ein Gerätehäuschen bauen wollen, müssen Sie neben einem ausreichenden Wetterschutz für die Wände auch für den richtigen Untergrund sorgen.
Dazu legen Sie ein unseren klimatischen Verhältnissen entsprechend tiefes Betonfundament an. Die Frosttiefe liegt bei uns zwischen 70 und 100 cm.

Profitip
Das Fundament sollte insgesamt um 2 bis 3 cm schmäler als die spätere Mauer sein und mindestens 10 cm aus dem Erdreich herausragen. Damit entsteht eine Tropfkante, an der später der Regen glatt ins Erdreich abtropfen kann.

4 Wie beim richtigen Hausbau kann die Porenbetonmauer aufgebaut werden. Zuerst legen Sie eine ca. 2 cm dicke Mörtelausgleichsschicht an. Darauf rollen Sie eine **Sperrschicht** aus Bitumen- oder Dachpappe aus. Diese verhindert aufsteigende Feuchtigkeit. Direkt auf diese Sperrschicht setzen Sie die erste Steinlage in ein normales Mörtelbett und richten sie millimetergenau aus. Die Stoßfuge der ersten Lage und alle weiteren Steine werden mit Dünnbettmörtel verlegt.
Wenn Sie außen in geschützter Lage bauen und ein druckfester Untergrund vorhanden ist, etwa unter einem Balkon oder auf der Terrasse, können Sie auf das **Fundament** verzichten.

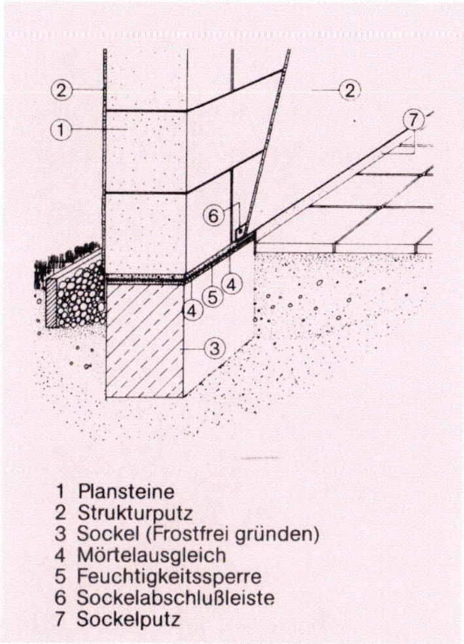

3

4

Ihr Bauwerk wächst in die Höhe

1

2

Bevor Sie darangehen, Ihr Mauerwerk hochzuziehen, sollten Sie prüfen, ob trotz aller Sorgfalt bei der ersten Lage **Höhendifferenzen** entstanden sind. Wenn ja, gleichen Sie diese mit dem Porenbetonhobel oder einem großen Schleifbrett aus. Bürsten Sie den Staub sorgfältig ab und messen Sie mit der Wasserwaage nochmals genau nach. Jetzt haben Sie die Möglichkeit, Ihr Mauerwerk mit Dünnbettmörtel hochzuziehen.

Es gilt grundsätzlich folgendes: Staub und lose Teilchen müssen vor dem Vermauern abgefegt werden. Den Mörtel tragen Sie in ausreichender Menge auf Lager- und Stoßfuge auf (**Lagerfuge**: waagrechte Auflagefläche der Steine; **Stoßfuge**: senkrechte Fläche, an der die Steine aneinanderstoßen). Beachten Sie dazu die Verarbeitungshinweise auf den Gebinden.

1 **Vermauern** im Dünnbettmörtelverfahren: Der Dünnbettmörtel muß vor Gebrauch mit Wasser angerührt werden. Das genaue Mischverhältnis steht auf den Säcken. Zum Anrühren verwenden Sie am besten den Rührquirl, der von einer langsam laufenden Bohrmaschine angetrieben wird. Natürlich ist auch das Mischen von Hand, z.B. mit einer Kelle, möglich. Achten Sie darauf, daß Wasser und Mörtel vollständig vermischt sind. Der Mörtel ist dann sofort gebrauchsfertig und wird mit einer zur Steinbreite passenden Plansteinkelle (Kellenbreite = Steinbreite) aufgetragen. Für kleinere Bauwerke genügt auch eine Plastikzahnspachtel (Zahntiefe 3 bis max. 5 mm), die Sie sich aber möglichst auf Steinbreite zuschneiden sollten. Sie können damit den Mörtelauftrag besser kontrollieren: Sie verhindern das seitliche Überquellen des Mörtels und damit unnötigen Mehrverbrauch.

Bei längeren Mauerteilen können Sie den Arbeitsablauf beschleunigen, indem Sie den Mörtel auf der Lagerfuge für 2 bis 3 Steinlängen auftragen.

2 **Versetzen**: Setzen Sie den Stein auf und richten Sie ihn kantengenau aus.
Festklopfen und ausrichten: Klopfen Sie ihn mit dem Gummihammer zur Lager- und zur Stoßfuge hin fest. Prüfen Sie dabei mit der Wasserwaage die exakt waag- und senkrechte Stellung. Unebenheiten schleifen Sie ab.

3 Rechten **Winkel** prüfen: Mauerwangen, zwischen denen später Regalböden oder Arbeitsplatten eingelegt werden, müssen exakt im rechten Winkel zur Rückwand und parallel zueinander stehen. Um dies sicherzustellen, muß jede Steinlage mit einem Winkel (Schenkellänge mind. 30 cm) ausgerichtet werden. Ersatzweise können Sie dazu auch einen Planstein (Länge und Höhe) verwenden.

4 Der richtige **Mauerwerksverband**: Bei schmalen Aufbauten setzen Sie direkt und paßgenau Stein auf Stein. Werden mehrere Steine nebeneinander in mehreren Lagen übereinander versetzt, müssen Sie einen Mauerwerksverband herstellen, wie Sie ihn von Baustellen oder vom Prinzip von Baukästen her kennen. Die übereinanderliegenden Stoßfugen müssen dabei mindestens 10 cm versetzt sein. Bei Mauerwerksecken ist ebenfalls auf die entsprechende Verzahnung zu achten.

5–6 Standsicherheit: Je höher das Mauerwerk, desto standfester und stabiler muß es sein. Deshalb sollten Sie bei jeder dritten Lage eine mechanische Verbindung zur bestehenden Wand herstellen. Hierfür verwenden Sie spezielle Wandverbinder, die sie in der bestehenden Wand verankern und dann in die Lagerfuge des neuen Mauerwerks einzementieren.

3

5

4

6

So sägen und bearbeiten Sie Porenbetonsteine

1

2

Aufgrund ihrer Porenstruktur lassen sich Porenbetonsteine leicht und maßgenau sägen, bohren, hobeln und fräsen.

***1* Sägen**: Porenbetonsteine können Sie praktisch mit jeder Säge schneiden. Für glatte Schnitte eignen sich breite Sägeblätter mit grober Zahnung (z.B. Fuchsschwanz), bei **Formschnitten** und **Rundungen** sind Stichsägen vorteilhaft. Für größere Aufbauten sollten Sie sich eine widiabestückte Porenbetonsäge und auch einen Anreißwinkel anschaffen.
Porenbetonsteine sind zwischen 5 und 37,5 cm dick. Das bedeutet, daß Sie beim Sägen der Steine nicht nur die gewünschte Länge exakt berücksichtigen, sondern auch in der Tiefe (bzw. Breite) winkelgenau sägen müssen. Dies gilt auch, wenn der Längenschnitt für Formstücke schräg oder als Rundung ausgeführt wird.
Markieren Sie sich auf dem Stein mit Bleistift die Sägelinie und führen Sie diese unter Verwendung eines geeigneten Winkels – das kann notfalls auch ein Planstein sein – an beiden Breitseiten fort. Sie erhalten eine Führungslinie, die Ihnen einen Schnitt im rechten Winkel garantiert.

***2* Schleifen**, raspeln, fräsen: Diese Arbeiten sind von Hand leichter und schneller als bei der Bearbeitung von Holz durchzuführen. Grobes Schleifpapier oder besser noch ein spezielles Schleifbrett sind für die Bearbeitung von Porenbetonsteinen unerläßlich. Damit schleifen Sie Unebenheiten glatt und erledigen alle zur Oberflächenbehandlung notwendigen Vorarbeiten. Auch zum »Formen« des Materials, wie z.B. Ecken abrunden oder Sägeschnitte nacharbeiten, eignet sich grobes Schleifpapier bestens. Gute Dienste bei feinerer Formgestaltung leistet Ihnen eine Holzraspel oder Feile. Schlitze, z.B. für Elektroleitungen, können Sie einfräsen, indem Sie einen stabilen Schraubenzieher oder ein Stemmeisen an einer Holzleiste entlangziehen (zur besseren Führung) und dabei eine Vertiefung einkratzen. Für größere Arbeiten verwenden Sie den Porenbeton-Schlitzkratzer.

***3* Bohren**: Ein einfaches Handbohrgerät reicht für alle Bohrarbeiten aus. Natürlich können Sie auch Ihren Elektrobohrer einsetzen, aber nicht im Schlagbohrgang. Steckdosenöffnungen können Sie leicht mit dem Steckdosenbohrer vorbohren.

Herstellen von Vertiefungen, Einschnitten und **Aussparungen**: Markieren Sie Breite und Tiefe der Aussparung. Sägen Sie dann links und rechts in der Breite der Aussparung einen Schlitz genau in der festgelegten Tiefe ein. Bei breiteren Aussparungen sägen Sie auch dazwischen nochmals einige Schlitze. Jetzt können Sie die Vertiefung mit einem alten Stemmeisen (Stechbeitel) ausheben. Anschließend glätten Sie die Vertiefung mit Schleifpapier oder Holzraspel.

3

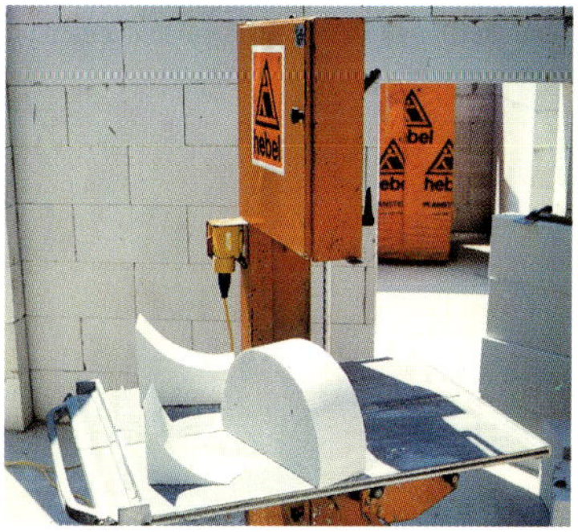

5

Paß- und Formstücke

4–5 Einfache Formstücke: Zeichnen Sie die gewünschte Form bei Einzelstücken direkt auf den Stein. Bei mehreren gleichen Formstücken fertigen Sie zuerst eine Schablone aus Karton an und übertragen dann die Form auf alle Steine. Sägen, feilen, fräsen oder kratzen Sie die angezeichnete Form aus dem Stein.

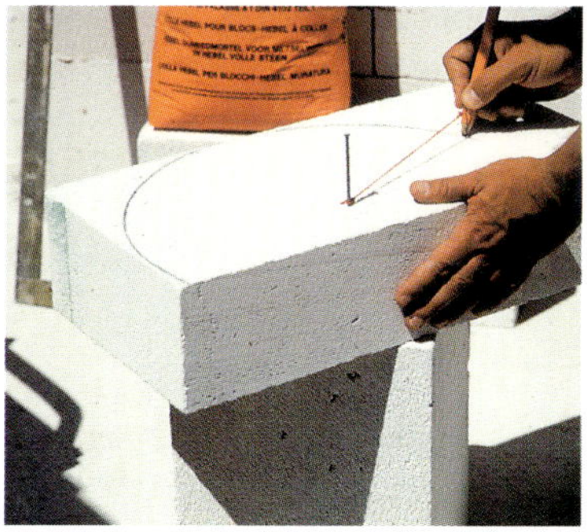

4

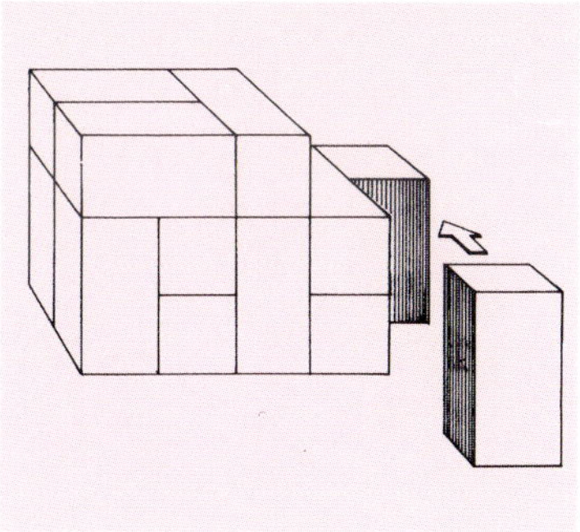

6

Formen im **Mauerverband**: Wenn Sie für eine Form mehrere Steine benötigen, wie z.B. für einen geschwungenen Treppenlauf oder einen größeren Rundbogen, legen Sie die Steine plan auf den Boden. Achten Sie dabei auf den Mauerverband. Zeichnen Sie die Umrisse an und numerieren Sie die Steine für den Zusammenbau.

6 Herstellung von **Mauerblöcken** und Quadern: Aus Porenbeton-Planbauplatten können Sie natürlich auch breitere Mauerblöcke und Quader herstellen, z.B. für den stabilen Unterbau eines Couchtisches, als Sockel für ein Aquarium oder als »Grundstein« für größere Skulpturen und Objekte.

Profitip

Bei der Herstellung eines Quaders müssen Sie den Mauerwerksverband nicht nur in der Breite, sondern auch in der Tiefe herstellen. Verkleben Sie dabei alle sich berührenden Flächen vollständig.

Waagrechte Flächen einbauen

1

2

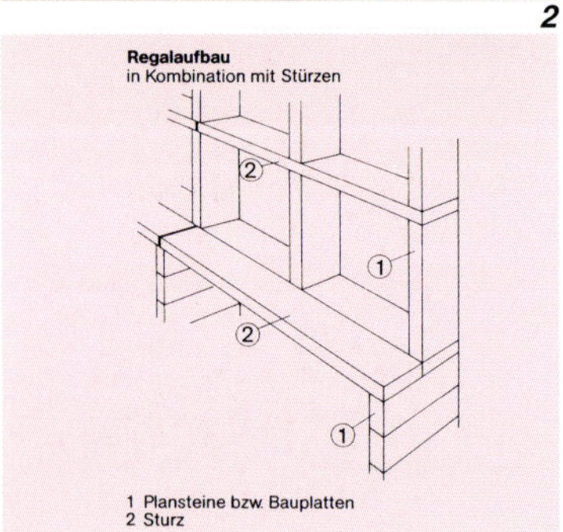

3

1 Planbauplatten aus Porenbeton können flachliegend z.B. als Regalboden oder Ablagefläche eingesetzt werden.
Der Einbau in das Mauerwerk erfolgt mit einem **Mindestauflager von 2,5 cm** auf jeder Seite. Die Platten werden mit dem Mauerwerk verklebt. Verlegen Sie bei tieferen Auflageflächen mehrere Platten hintereinander, müssen diese auch in den Stoßfugen miteinander verklebt werden.
Porenbetonplanbauplatten sind 50 cm, 62,5 cm und im Sonderformat 75 cm lang. Unter Berücksichtigung der Mindestauflagerflächen können lichte Weiten von 45 cm, 57,5 cm bzw. 70 cm überbrückt werden.

Die **Belastbarkeit** von Planbauplatten reicht aus, um vorwiegend ruhende Lasten wie Bücher, Elektroeinbaugeräte etc. aufnehmen zu können.

Sicherheitstip

Wollen Sie waagrechte Flächen stärkerer Belastung aussetzen oder größere Spannweiten überbrücken, dann müssen Sie unbedingt bewehrte Bauteile einsetzen.

2 Stürze: Am Bau werden **Stürze** zur Überbrückung von Tür- oder Fensteröffnungen verwendet und hochkant mit großem Auflager eingebaut. Bei den in der Folge beschriebenen Einbauten können Stürze auch liegend als Fläche verwendet werden. Die Belastbarkeit reicht für Arbeitsplatten oder als Sitzfläche aus. Herumspringen sollten Sie aber auch auf diesen Bauteilen nicht.

3 Stürze werden mit dem Mauerwerk und gegebenenfalls miteinander verklebt.
Mit bewehrten Stürzen lassen sich lichte Weiten von maximal 119 cm überbrücken. Sie erhöhen die Belastbarkeit erheblich, wenn Sie mittig ein weiteres Auflager schaffen. Stürze sind liegend meist nur 24 cm tief. Wenn Sie also ein Regal auf Steinlänge (50 cm, 62,5 cm) anlegen, müssen Sie die fehlende Tiefe ausgleichen, und zwar immer zur Rückwand hin. Wenn Sie die Arbeitsfläche verputzen oder fliesen, genügt bei 50 cm Tiefe ein 2 cm breiter Styroporstreifen, bei größerer Tiefe müssen Sie Plansteine in der entsprechenden Dicke ankleben. Maximal können Sie bis zu 15 cm ausgleichen.

***4* Dach- und Deckenplatten**: Sie halten höchsten Belastungen auch über größere Spannweiten stand (Mindestauflager: 7,5 cm breite Planbauplatten).

Die Platten, die Sie beim Baufachhandel bestellen müssen, werden beim Hersteller exakt nach Ihren Maßen gefertigt. Diese Sonderanfertigung ist nicht billig. Außerdem wiegt eine 2 m lange Platte (d = 10, b = 62,5 cm) knapp 100 kg. Bedenken Sie also, ob Sie nicht durch mehrere **Auflager** mit Standardbauteilen auskommen.

5 Zur Kombination mit anderen Materialien ist Porenbeton bestens geeignet: Auf einer Arbeitsplatte aus Holz, wie man sie z.B. aus dem Küchenbau kennt, lassen sich problemlos weitere Regalaufbauten aus Porenbetonsteinen anlegen. Mit Glas-, Naturstein- oder Edelholzplatten erzielen Sie reizvolle optische Effekte.

6 Selbstgefertigte **bewehrte Platten**: Etwas Zeit und Geduld brauchen Sie, wenn Sie sich selbst ein sogenanntes Laminat herstellen.

Diese Platten, die nicht größer als 100 x 62,5 cm sein sollten, sind maximal mit 50 kg belastbar. Legen Sie zunächst eine Folie auf einer völlig ebenen Fläche aus. Fertigen Sie dann einen Rahmen ①, z.B. aus Kanthölzern, in der vorgesehenen Fläche an und legen ihn auf die Folie. In der so entstandenen Schale ziehen Sie eine Schicht von ca. 2 bis 3 mm Dicke aus Dünnbettmörtel ② auf. Darauf legen Sie ein Glasgitter-Gewebe ③ (im Baumarkt erhältlich) aus, das Sie vorher auf mindestens die doppelte Größe des geplanten Bauteils zurechtgeschnitten haben.
Auf dieses Gitter tragen Sie noch einmal Mörtel auf und legen die Bauplatten ④, die Sie auch in den Fugen verkleben müssen, auf den Mörtel. Die Steine bedecken Sie wieder mit einer Mörtelschicht.
Jetzt schlagen Sie das überstehende Gewebe über die Steine und geben darauf nochmals eine 2 bis 3 mm dicke Schicht Dünnbettmörtel. Das Ganze muß dann 2 Tage abbinden, bevor Sie die Platte einbauen können. Mit stärkerer Belastung sollten Sie noch einige Tage warten, bis der Mörtel vollständig abgebunden hat.

4

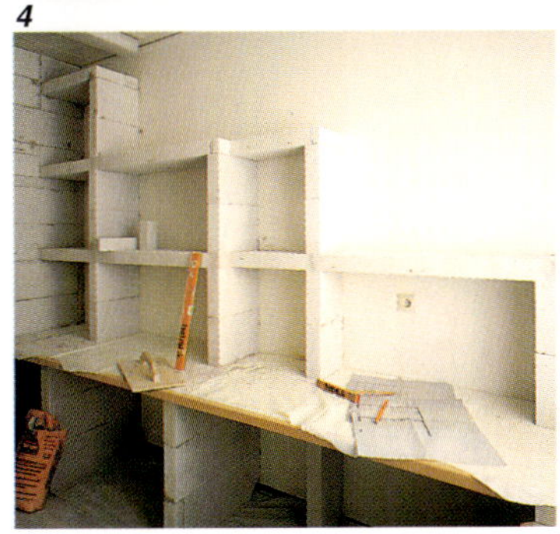

5

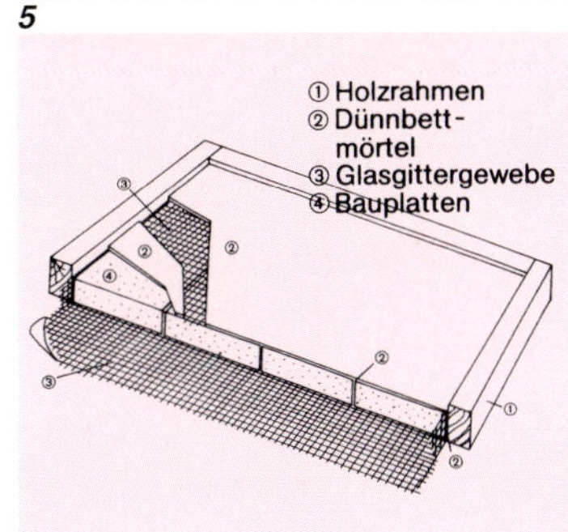

6

Der richtige Schutz für Ihr Bauwerk

1

2

3

Die Weiterbearbeitung Ihres »Rohbaus« hängt davon ab, wie Sie das Bauwerk später nutzen wollen. Wenn es im Freien steht, ist es vor **Witterungseinflüssen**, wie z.B. Schlagregen, ausreichend zu schützen.

Sicherheitstip
Verwenden Sie für Befestigungsmittel oder Stabilisierungsteile nur Materialien, die nicht rosten. Dies gilt für Eisenteile, die Sie unter Putz oder Fliesen verlegen. Diese sollten verzinkt sein oder mit Rostschutzfarbe gestrichen werden.

In Innenräumen sollte die Maueroberfläche zumindest so behandelt werden, daß sie keinen Staub mehr entwickelt und man das Bauteil feucht abwischen kann.
Sie haben viele Möglichkeiten zur **Oberflächenbehandlung**. Aber zuerst müssen Sie die Oberflächen zur Bearbeitung vorbereiten.

1 Wenn Sie Ihr Mauerwerk später nur streichen oder beschichten wollen, müssen Sie alle Unebenheiten mit einem großen Schleifbrett sorgfältig abschleifen.

2 Wenn Sie alle Unebenheiten und haftmindernde Rückstände, z.B. Mörtelreste, entfernt haben, kehren Sie das Mauerwerk mit einem Besen ab. In Innenräumen verwenden Sie dazu besser einen Staubsauger, um eine Staubentwicklung zu vermeiden.

3 Größere **Mauerfugen**, größere Ausbrüche, Elektroschlitze etc. müssen ausgespachtelt werden. Verwenden Sie dazu handelsübliche Spachtelmassen auf Gipsbasis oder bei großen Flächen Dämmörtel. Breite Schlitze müssen Sie mit Glasfasergewebe überspannen. Die ausgebesserten Stellen müssen gut austrocknen und eventuell nochmals glattgeschliffen werden.

4 Bevor Sie streichen oder beschichten, grundieren Sie die freien Flächen. Wenn Sie die Porenstruktur des Steins sichtbar erhalten wollen, dann entscheiden Sie sich für eine Behandlung mit **Tiefgrund**. Auch wenn Sie das Mauerwerk nur streichen wollen, sollten Sie vorher grundieren. Wenn Sie auch alle nicht sichtbaren Flächen behandeln, schließen Sie eine **Staubentwicklung** aus.

Tiefgrund ist ein farbloses Acrylharz, das tiefenimprägnierend und stark festigend wirkt. So behandeltes Mauerwerk hält auch unverputzt Wind und Wetter stand. Bereiten Sie das Mauerwerk wie unter 1–3 beschrieben vor. Wenn die Porenstruktur sichtbar werden soll, saugen Sie die Fläche zusätzlich mit der Feindüse ab. Dann tragen Sie den Tiefgrund satt mit der Quaste auf.

Profitip
Sie können Porenbetonmauerwerk mit jeder handelsüblichen Dispersionsfarbe streichen. Einen dauerhaften Wetterschutz erhalten Sie mit Acryl-Außenbeschichtung.

Acryl-Außenbeschichtung ist eine weiße Kunstharz-Dispersionsbeschichtung, die schlagregendicht, rißbeständig, abtönbar und leicht zu verarbeiten ist. Sie wird in zwei Lagen durch Streichen oder Rollen aufgebracht. Nach der zweiten Beschichtung kann durch Abwalzen mit einer groben Neoprenschaumrolle eine strukturierte Oberfläche hergestellt werden.

Tapezieren: Bereiten Sie die Fläche wie beschrieben (1–3) vor. Zum Tapezieren benötigen Sie besonders glatte Flächen, die Sie erhalten, wenn Sie Glättputz sehr dünn über die ganze Fläche mit der Traufel auftragen und nach etwa einer halben Stunde mit der Schwammscheibe glätten. Nach ungefähr 2 Stunden können Sie tapezieren. Bei schweren Tapeten ist es ratsam, die Flächen vorher mit Tapetenmakulatur zu streichen.

5 Vorbereiten der Putzflächen: Der Putzuntergrund muß staub- und fettfrei sein. Führen Sie dazu die unter 1–3 beschriebenen Arbeiten durch. Zusätzlich sollten Sie an den Mauerecken und Kanten **Putzschienen** anbringen. Das erleichtert Ihnen das Aufbringen des Putzes erheblich, da die überstehende Außenkante der Schiene das Maß für die Dicke der Putzschicht ist. Gleichzeitig werden die Ecken dauerhaft gegen Stoß und Schlag geschützt. Sie müssen grundsätzlich zwischen Eckschutzschienen für Außenputz bzw. Innenputz unterscheiden.

Vor dem Aufbringen schneiden Sie die Putzschienen für alle Ecken und Kanten mit einer klei-

4

5

6

7

8

nen Eisensäge oder Drahtschere auf die richtige Länge zurecht. Dann tragen Sie einen Streifen Putz auf Ecken und Kanten auf, drücken die Schienen an und lassen kurz abbinden. Fertig! Glättputze und Dünnputze für innen können im Gegensatz zu normalen Innenputzen mit der Traufel relativ dünn aufgezogen und sofort geglättet werden. Eine Grundierung ist nicht notwendig, die Putzfläche muß jedoch vorgenäßt werden.

Profitip
Glätt- und Dünnputze sind nach dem Anrühren nur ungefähr 1 Stunde lang verarbeitbar. Bereiten Sie also nur die entsprechende Menge Putz vor. Sind Werkzeuge und Eimer nicht gut gesäubert, verkürzt sich die Verarbeitungszeit nochmals wesentlich.

Hebel Außenputz WA • Struktur ist in Weiß oder in verschiedenen Farben erhältlich. Fragen Sie im Baufachhandel nach der Farbtonkarte. Dort erhalten Sie auch die dazu passenden farbigen Putzschienen, denn Strukturputz wird nicht mehr gestrichen. Hebel Außenputz WA • Fein ist eine Alternative, wenn der Wandfläche durch einen Anstrich eine andere Struktur oder Farbe gegeben werden soll. Außenputze werden auf die entsprechend vorbereitete Putzfläche grundsätzlich in zwei Schichten aufgetragen; die Verarbeitungszeit beträgt ca. 2 Stunden.

Innenputz

6 Putz auftragen: Tragen Sie Glättputz oder Dünnputz mit der Traufel oder einer Kelle ca. 3 bis 5 mm dick in einer Schicht auf.

7 Ebnen Sie die verputzte Fläche (größere Flächen mit einem Richtscheit). Nach dem Anziehen nässen Sie die Fläche an und glätten sie mit einer Schwamm- oder Filzscheibe.
Bei Ecken und Kanten arbeiten Sie mit einer Malerspachtel nach.

8 Schleifen: Nach dem Trocknen werden unsaubere oder rauhe Stellen mit Schleifpapier geglättet. Innenputze trocknen rasch und können schnell gestrichen oder tapeziert werden.

Außenputz

9 Zusätzlich zu den Eckschutzschienen sind bei Außenmauern

Sockelabschlußschienen anzubringen. Sie ergeben zugleich eine funktionsgerechte Tropfkante.

10 Tragen Sie die erste Schicht mindestens 8 mm dick (Eckschiene = Maß minus ca. 3 mm für die zweite Schicht) je nach Fläche mit einer großen oder kleinen Traufel auf und ebnen Sie sie mit dem Richtscheit.
Nach Erhärten der ersten Putzlage (ca. 1 Std.) wird eine zweite dünnere Schicht – ca. 3 mm dick – mit der Traufel aufgetragen.
Strukturieren: Mit Hebel Außenputz WA • Struktur lassen sich die verschiedensten Effekte erzielen, z.B. **»Kellenschlag«, »bayerischer Rauhputz«, »Zupfputz«** o.ä. Die Struktur erhalten Sie durch waagrechtes, senkrechtes oder rundes Reiben mit einer Holz- oder Kunststoffscheibe, durch Einbringen von Vertiefungen mit einer Kelle o.ä.

Porenbeton ist der ideale Untergrund für Fliesen. Durch die ebene Fläche kann im Dünnbettverfahren geklebt werden. Nach dem Säubern des Untergrundes tragen Sie den Kleber mit der Zahnspachtel auf und setzen die Fliesen mit Abstandhaltern ein.

9

10

Befestigungen in Mauerwerk aus Porenbeton

1

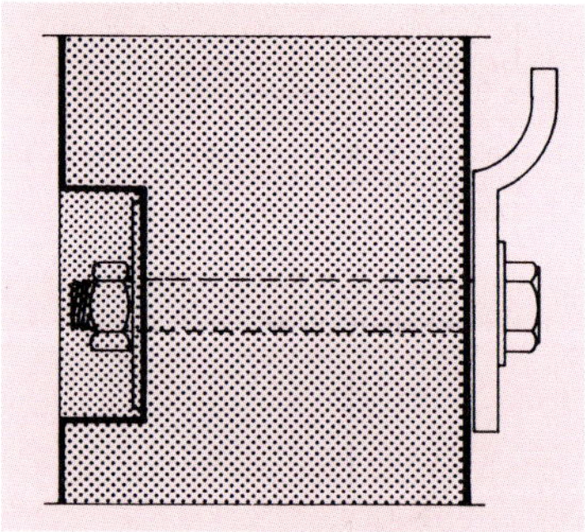

2

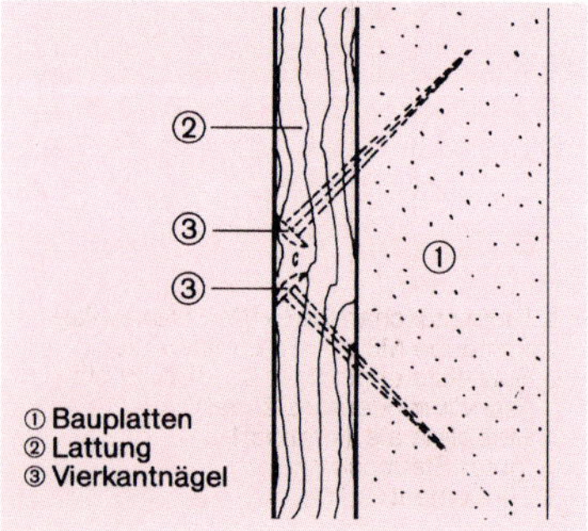

3

Äußerst wichtig ist, daß Sie **Befestigungsmittel** nicht nur nach der Art der Belastung auswählen, sondern auch berücksichtigen, ob sie im Freien oder in Feuchträumen eingesetzt werden.

Verwenden Sie in diesem Fall nur **nichtrostende** Schrauben und Nägel, am besten aus Edelstahl. Dies gilt auch für Eisenteile wie Durchsteckmontagen, T-Profile und Winkeleisen, die Sie mit einputzen. Zumindest müssen diese Teile mehrmals mit Rostschutzfarbe gestrichen sein.

1 Dübeln: Für niedrige Lasten (Lampen, Vorhangstangen etc.) sind nahezu alle handelsüblichen Spreizdübel geeignet.

Am einfachsten lassen sich Dübellöcher setzen, indem Sie mit einem Dorn (notfalls auch einer Maschinenschraube), dessen Durchmesser dem Dübel entspricht, ein Loch in das Mauerwerk schlagen. Das Steinmaterial verdichtet sich an dieser Stelle und gibt dem Dübel besten Halt. Außerdem ist diese Methode sauberer als Bohren, da keinerlei Staub austritt.

Profitip
Wenn Sie lieber mit der Bohrmaschine hantieren, verwenden Sie den Normalgang, nicht den Schlagbohrgang. Achten Sie darauf, daß sich der Bohrer zentrisch dreht und nicht »eiert«, sonst franst das Dübelloch aus, der Dübel sitzt nicht fest und kann keine Belastung aufnehmen. Besonders fest sitzen Dübel, wenn Sie einen Bohrer verwenden, der 0,5 mm dünner ist als der Dübel.

Für höhere Lasten (z.B. Wandhängeschränke etc.) gibt es spezielle **Porenbetondübel** (»Flügel«-Dübel). Sie werden mit dem Hammer in das vorgeschlagene Loch eingetrieben. Dabei drehen sich die Flügel in das Mauerwerk und verankern sich besonders fest.

2 Für besonders schwere Lasten und dynamisch belastete Teile (z.B. Handwaschbecken etc.) sollten Sie hochbelastbare **Injektionsdübel** oder **Durchsteckmontagen** mit Gewindebolzen wählen. Bei dieser Konstruktion durchbohren Sie die Wand, bringen eine Schraube ein und sichern diese auf der Gegenseite mit einer großflächigen Unterlegscheibe und Mutter.

Sicherheitstip

Es ist grundsätzlich zu empfehlen, alle Befestigungen so zu planen, daß die Löcher mindestens 5 cm von der Mauerkante entfernt sind. Nur kleine, gering belastete Dübel, die ruhende Lasten aufnehmen sollen, dürfen im Randbereich angeordnet werden. Der Dübel darf sich dabei nur parallel zur Mauerwerkskante spreizen.

3 Nageln: Niedrige Lasten lassen sich auch mit Nägeln befestigen. Verwenden Sie hierzu **Porenbetonnägel**. Das sind verzinkte **Vierkantnägel** mit rauher Oberfläche. Nageln Sie je zwei Stück schräg gegeneinander versetzt. Mit diesen Nägeln befestigen Sie z.B. die Lattung für Holzverkleidungen, leichte Anbauteile etc.

4 Zur Befestigung von **Regalbrettern** stehen Ihnen mehrere Möglichkeiten offen. Wenn Sie Holz- oder Stahlstifte als Träger verwenden, müssen Sie diese mindestens 15–20 mm im Mauerwerk versenken.

Profitip

Beim Verputzen können durch ungleichmäßigen Auftrag Maßschwankungen entstehen. Sie sollten deshalb Einbauteile, z.B. Türen, Fachböden etc., erst nach völliger Fertigstellung des Mauerwerks inklusive Oberflächenbehandlung exakt ausmessen und anfertigen.

Für stark belastete Regalböden verwenden Sie selbstgefertigte Träger aus »geköpften« Schrauben, in die wieder Schlitze zum Eindrehen gesägt wurden.

5 Für die Befestigung von beweglichen Teilen benötigen Sie einen gesonderten »Träger«. Bei einer Schranktür verankern Sie eine einfache Holzleiste oder ein Kantholz mit Dübeln im Mauerwerk. Setzen Sie mindestens zwei, bei größeren Höhen alle 50 cm einen Dübel.

Die einfachste Konstruktion sind innenliegende **Türen** mit handelsüblichen Klappscharnieren. Befestigen Sie das Scharnier auf der aufgedübelten Holzleiste. Die exakte Fräsung für die Scharniere können Sie bereits vor dem Einbau ausführen.

Befestigung von Regalbrettern

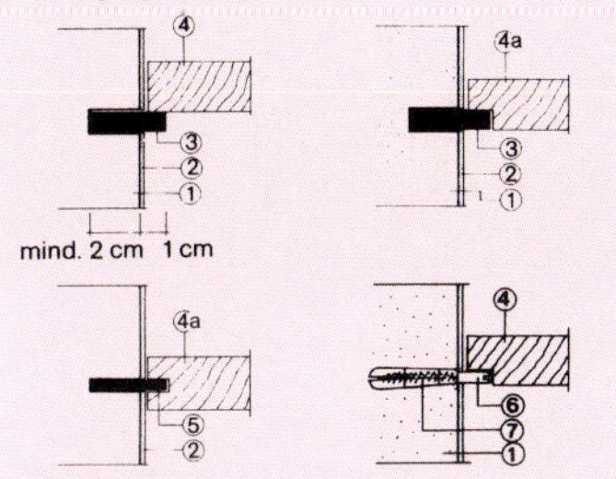

1 Planstein
2 Glättputz
3 Holzdübel ⌀ 8,0 mm L. 40,0 mm
4 Regalboden aus verschiedenen Materialien (Holz, Glas, Marmor etc.)
4a Holzbrett d = 21,0 mm
5 z. B. Stahlstift (verchromt) ⌀ 4,0 mm L 40,0 mm
6 Selbstgefertigter Regalbodenträger aus geköpfter Schraube
7 Dübel

4

Türbefestigung (innenliegende Türe)

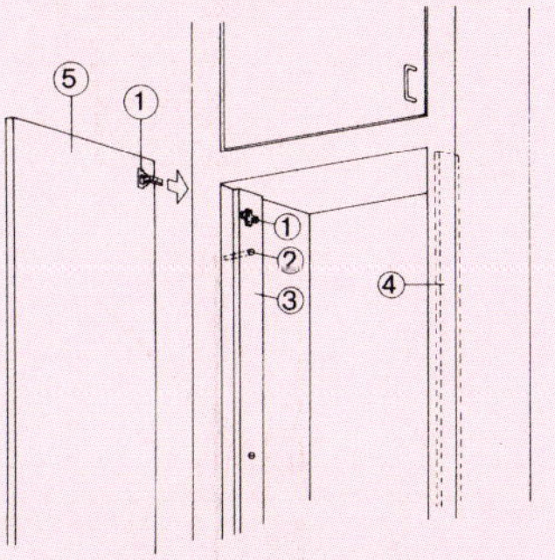

1 Topfbandscharnier für Seitenanschlag
2 Schraube M8 mit Porenbetondübel
3 Holzleiste angedübelt ca. alle 70 cm (jedoch mindestens 2 mal)
4 Holzleiste als Türanschlag (guter Staubschutz)
5 Türelement

5

Die richtige Planung

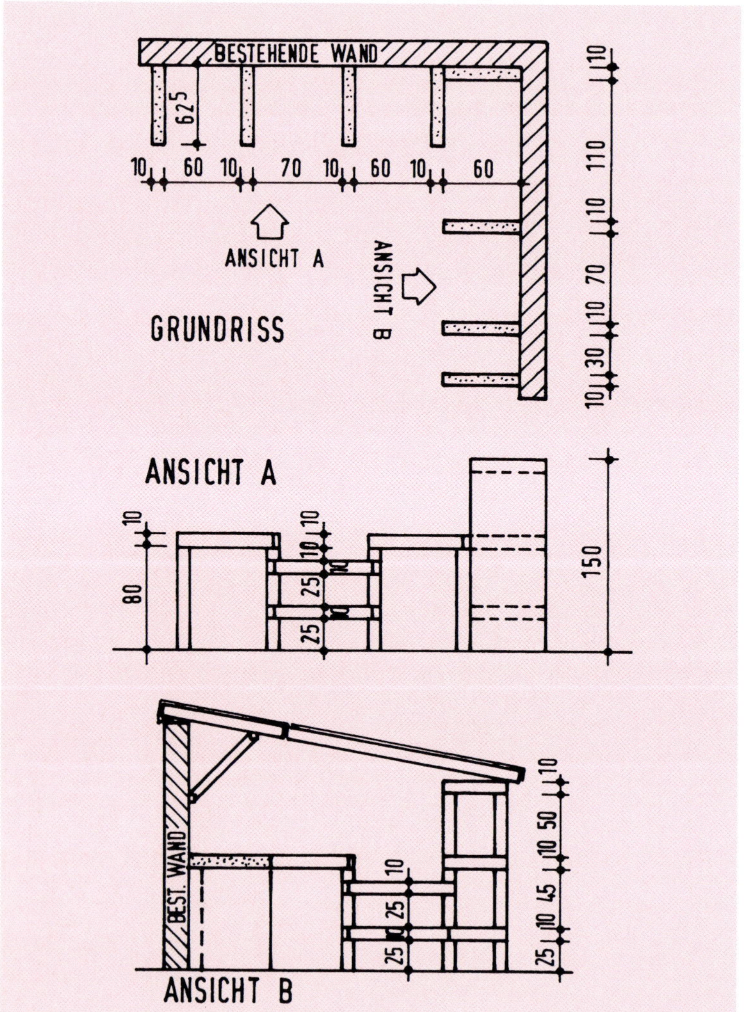

1

Wie bei allen Heimwerkervorhaben ist auch beim Arbeiten mit Porenbeton ein gut durchdachter Plan der halbe Weg zum perfekten Ergebnis. Sorgfältige Planung ist die beste Voraussetzung für die Ermittlung des richtigen Materialbedarfs und einen reibungslosen Bauablauf.

Fertigen Sie zunächst eine grobe **Ideenskizze** an, aus der hervorgeht, wie Ihr Werk aussehen soll. Je nach Talent kann das eine Aufsicht oder eine perspektivische Zeichnung sein.

1 Zur Herstellung des **Grundriß- und Aufsichtplans** vermessen Sie dann exakt den zur Verfügung stehenden Raum und zeichnen die Maße am besten auf ein Blatt **Millimeterpapier**.
Zeichnen Sie jetzt Ihr Bauvorhaben anhand der Ideenskizze in den Plan des Raums ein und rechnen Sie die Maße der geplanten Aufmauerung aus. Dabei können Sie auch feststellen, ob die geplanten Aufbauten im richtigen Größenverhältnis zum vorhandenen Raum stehen.
Berücksichtigen Sie außerdem die Maße der vom Hersteller angebotenen Normteile (Seite 10/11).

Verwenden Sie nach Möglichkeit auch nicht zu viele unterschiedliche Steindicken; das wirkt ruhiger und erleichtert später den Bau erheblich.

Aus einem exakten Plan müssen genau die Breite, Höhe und Tiefe aller vorgesehenen Aufbauten hervorgehen. Nur damit können Sie den Materialbedarf richtig ermitteln.

Ermittlung des Materialbedarfs
Im Hochbau wird der Materialbedarf nach den Quadratmetern der zu erstellenden Mauerfläche errechnet. Für Ihre Einbauten gibt es leider kein einfaches Patentrezept. Sie müssen den Bedarf exakt nach Ihrem gezeichneten Plan berechnen und jeden Stein und jedes Bauteil einzeln auszählen. Da das Material nicht teuer ist, sollten Sie noch einen kleinen »Sicherheitszuschuß« einrechnen.

Versuchen Sie bei Einbauten, die ganz spezielle Maße und viele Paßarbeiten erfordern, auch die Weiterverwertung der Reststücke einzuberechnen. Bei den gezeigten Musterlösungen wurde der genaue Materialbedarf ermittelt.

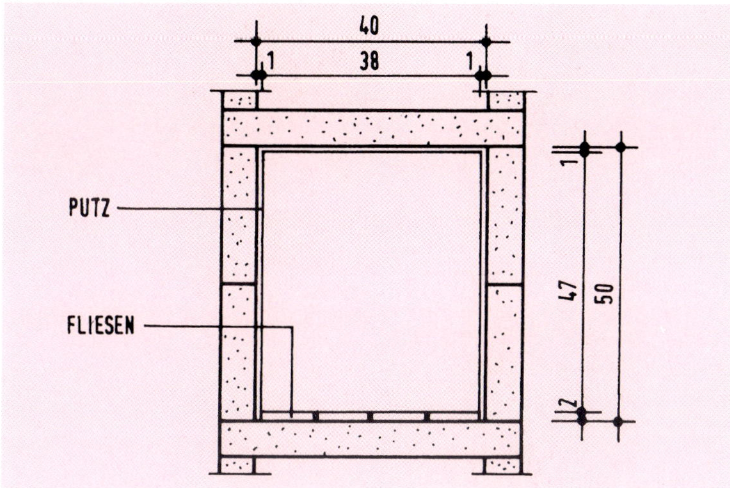

2

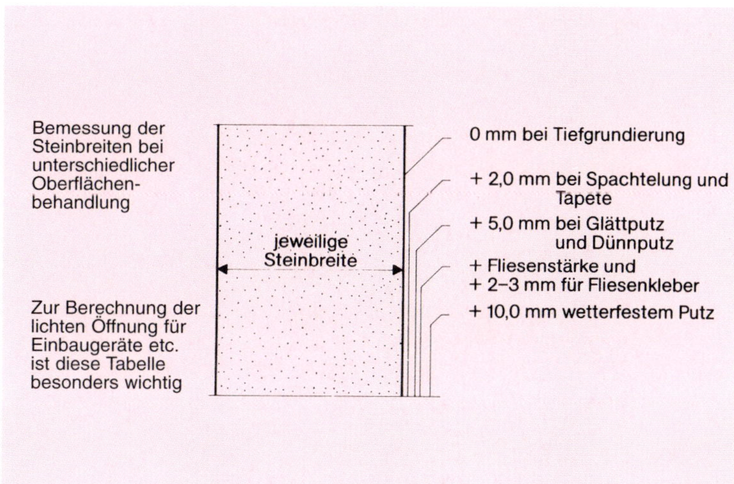

3

Flächenermittlung für den Oberflächenschutz

Wenn Sie sich im klaren sind, wie Sie Ihr Bauwerk schützen wollen, müssen Sie die Fläche errechnen, die behandelt wird. Dazu geht man systematisch vor: Erstens zählt man die Längen aller stehenden Außen- und Innenflächen, zweitens die Ober- und Unterseiten aller liegenden Teile, drittens die Stirnseiten und viertens eventuell auch die Flächen der Rückwände zusammen und multipliziert sie mit der Dicke. Das Ergebnis müssen Sie jetzt noch mit dem Materialverbrauch pro Quadratmeter und den angebotenen Gebindegrößen vergleichen.

Beispiel: Ein 25 kg-Sack Strukturputz reicht für 3 m² Putzfläche. Sie haben eine Gesamtfläche von 8 m² errechnet. Somit benötigen Sie drei Sack Strukturputz. Wenn Sie nur kleine Flächen zu behandeln haben, weichen Sie auf Heimwerkerprodukte aus. Vergewissern Sie sich aber in jedem Fall, daß diese Produkte für Porenbeton geeignet sind.

2 Denken Sie daran, daß es bei **Einbauten** von Herd, Kühlschrank, HiFi-Anlage, Fernsehgerät etc. nach Fertigstellung des Mauerwerks keine Ausgleichsmöglichkeit gibt. Bemessen Sie deshalb Ihre Ummauerungen so, daß Sie einschließlich der Oberflächenbehandlung (Putz, Fliesen o.a.) auf jeden Fall genug Spielraum, ca. 5–10 mm, für die Geräte lassen, und zwar an allen Seiten. Die Toleranzen können Sie gegebenenfalls verblenden.

3 **Wichtiger Hinweis:** Alle Maßangaben in den folgenden Arbeitsanleitungen sind Rohbaumaße. Die endgültigen Maße müssen Sie sich anhand der Tabelle selbst errechnen, sobald Sie wissen, welche Oberflächenbehandlung Sie vornehmen.

4

5

4 Bei Elektrogeräten müssen Sie ferner darauf achten, daß kein Hitzestau entsteht, der zu Schäden an den Geräten oder auch zu Bränden führen kann. Sehen Sie von Anfang an entsprechende Durchlässe für die Belüftung vor. Legen Sie auch noch rechtzeitig Öffnungen für Strom-, Antennen- und Verbindungskabel an.

5 Beim Verputzen können durch ungleichen Auftrag **Maßschwankungen** entstehen. Sie sollten deshalb Einbauteile, wie z.B. Türen, Fachböden etc., erst nach völliger Fertigstellung des Mauerwerks einschließlich der Oberflächenbehandlung exakt ausmessen und anfertigen. Leichte Unebenheiten sollten Sie dennoch mit dem Schleifbrett begradigen.

Compact Verlag GmbH
Züricher Straße 29
81476 München
Telefon: 0 89/74 51 61-0
Telefax: 0 89/75 60 95

Faszinierende Couchtische

1

Material
Planbauplatten und Steine, Eckschutzschienen, Trockenkleber und Glättputz, Glasplatten.
1. Modell 12 x 50/25/10,
2. Modell 7 x 50/25/10,
3. Modell 3 x 50/25/25 und 3 x 50/25/20,
4. Modell 2 x 50/25/30 oder 37,5.

Werkzeug

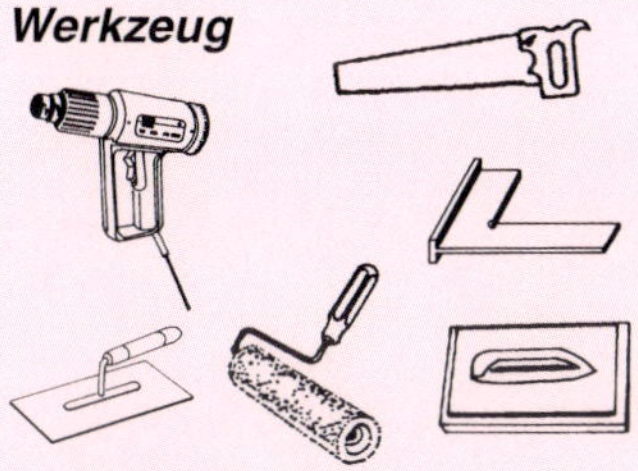

Schwierigkeitsgrad

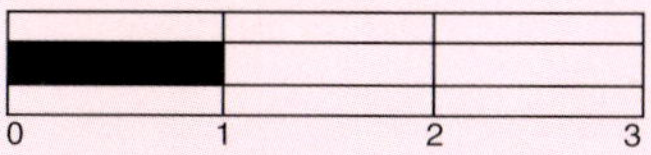

Kraftaufwand

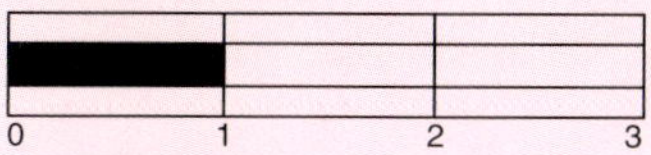

Arbeitszeit
Je nach Art der Beschichtung – Verspachteln oder Verputzen – benötigen Sie ohne Trockenzeiten 4 bis 7 Stunden.

Ersparnis
Designer-Möbel sind teuer. Bewerten Sie selbst, was Ihnen Ihr Designer-Tisch wert ist.

Möbeldesign aus Stein? Eine Idee, die Sie keinesfalls in die kalten Höhlen der Steinzeit zurückversetzen soll.

1–4 Der Tischsockel besteht aus zwei baugleichen Plansteinquadern. Sie sind nach innen abgestuft. Damit können unter der eigentlichen Tischplatte zwei weitere Ablageflächen aufgelegt werden. So entsteht eine Art Vitrinentisch.

Auch mit den Tischplatten sind Sie flexibel. Mit dem Abstand der Quader zueinander können Sie die Größe der Tischplatten verändern und z.B. auch rechteckige Formate einsetzen.
Der Aufbau laut Bauplan ist denkbar einfach. Achten Sie aber unbedingt darauf, daß alle sich berührenden Flächen miteinander verklebt werden.

5 Nur scheinbar komplizierter ist die Konstruktion dieses Couchtischfußes. Aus der Konstruktionsskizze entnehmen Sie, daß hier nur 7 ungeschnittene Plansteine in Standardgröße verklebt wurden. Sie können die Breite des Tisches variieren, wenn Sie dickere (15 cm) oder dünnere

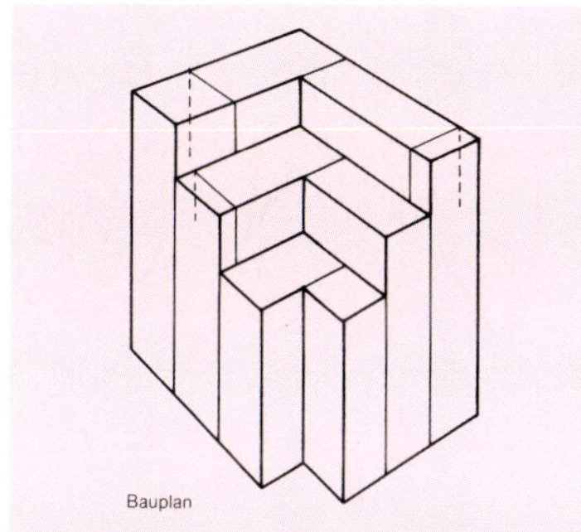

2

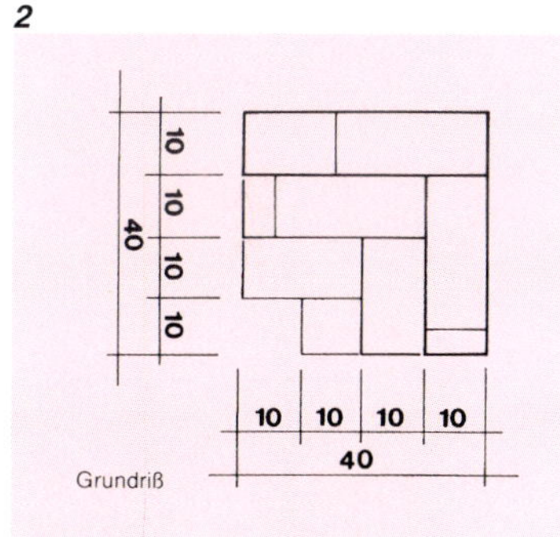

3

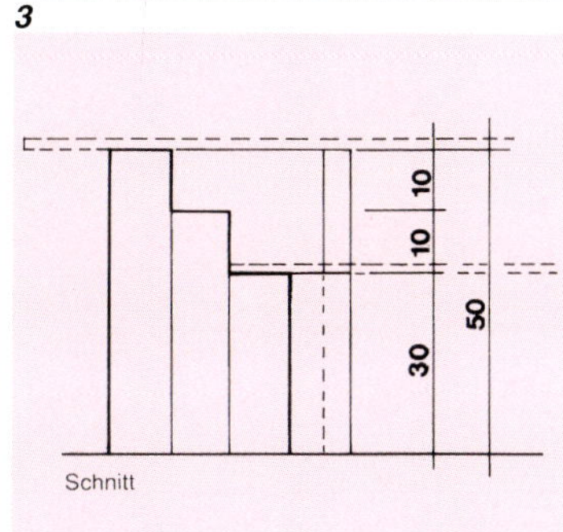

4

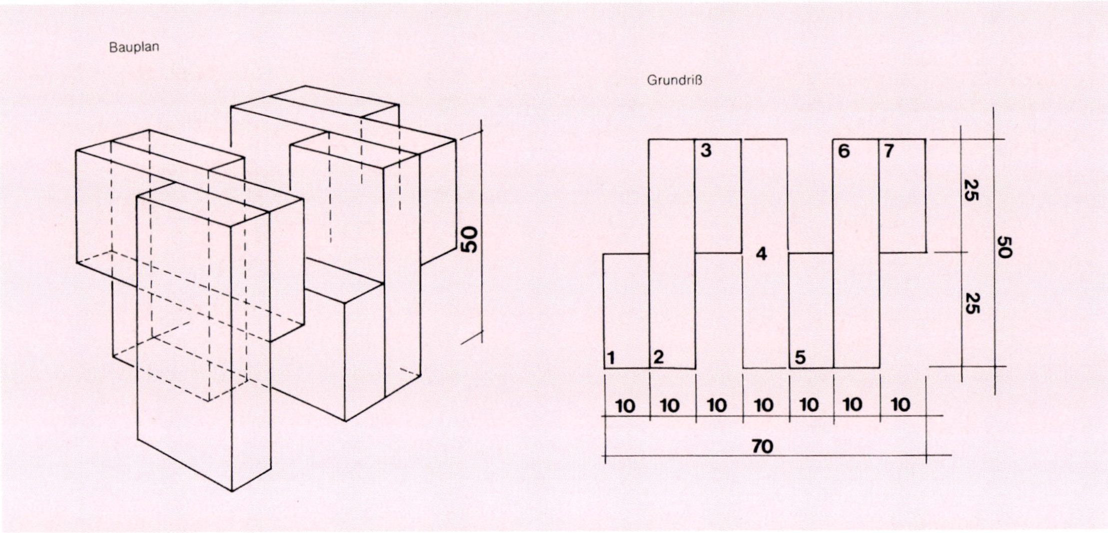

5

(7,5 cm) Steine verwenden. Sehr genau und rechtwinklig gelingt Ihnen der Aufbau, wenn Sie folgendermaßen vorgehen: Kleben Sie die beiden äußeren Tischteile, bestehend aus den Steinen 1, 2, 3 und 5, 6, 7 »auf dem Kopf stehend« zusammen. Nach einer Abbindezeit von ca. 1 Stunde können Sie beide Teile umdrehen und jetzt mit Stein 4 verkleben.

6 Bevor Sie die Steine für dieses Modell verkleben, müssen Sie in der unteren Steinlage Kerben für die Stangen einbringen. Legen Sie dazu die 30 cm dicke untere Steinlage entsprechend dem Bauplan auf einer ebenen Fläche ganz aneinander. Zeichnen Sie jetzt die Kerbung durchgängig im rechten Winkel an und bringen Sie anschließend mit Fuchsschwanz und Stemmeisen eine Vertiefung ein, die die Stange in der ganzen Dicke aufnimmt. Setzen Sie jetzt die Blöcke im entsprechenden Abstand zueinander. Betten Sie die Stangen mit Kleber in die Kerben ein und kleben Sie die zweite Steinlage vollflächig auf. Bevor Sie mit den Feinarbeiten beginnen, muß der Kleber ca. 1 Tag aushärten.

7 Trotz des schrägen Fußes ist diese Konstruktion einfach. Sie besteht bei der Neigung von 30 Grad aus zwei Plansteinen. Bei größerer Neigung benötigen Sie einen dritten Stein, der je zur Hälfte am oberen und unteren Stein angeklebt wird. Legen Sie die Steine mit der Seitenfläche auf die Montageunterlage.

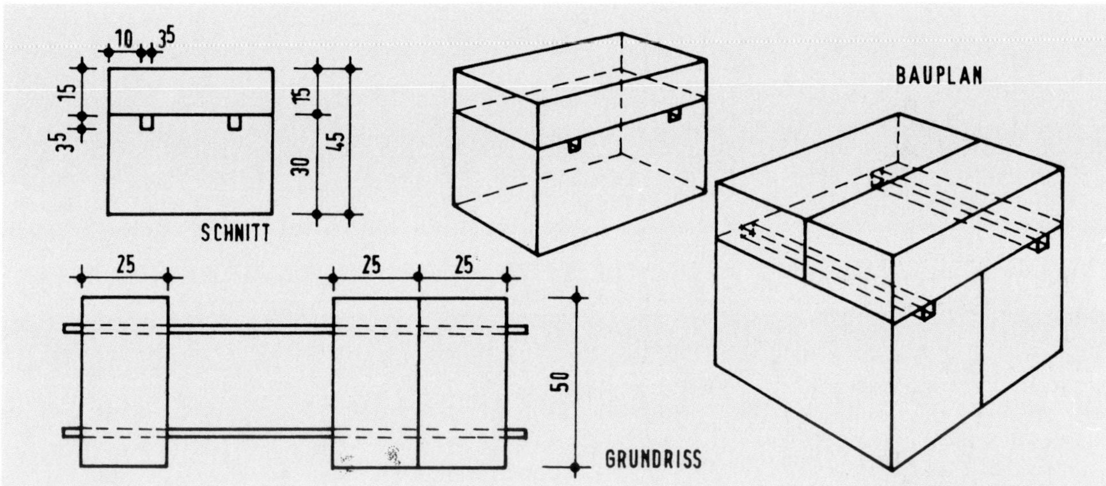
10
35
15
35
15
45
30
SCHNITT
BAUPLAN
25
25
25
50
GRUNDRISS

6

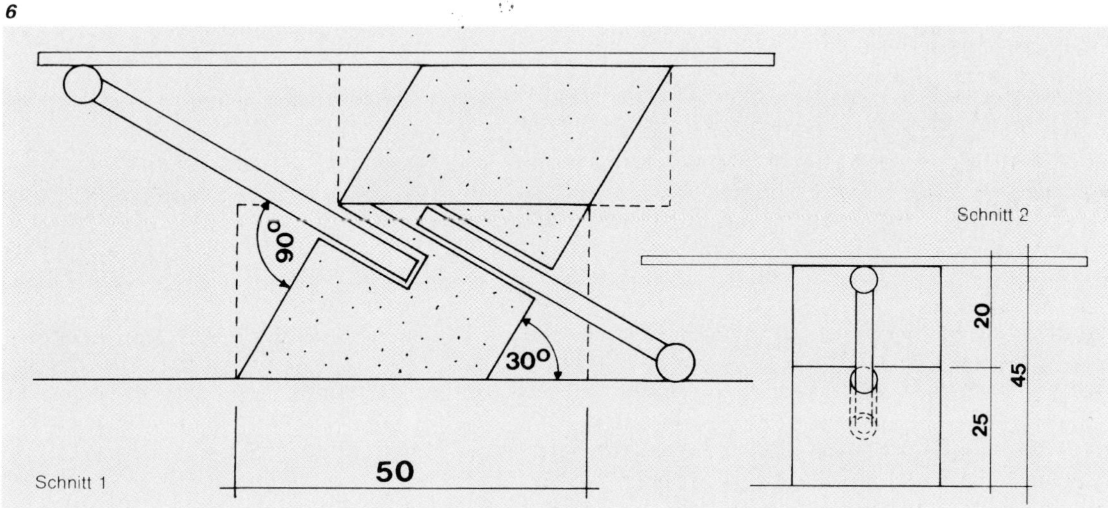
90°
30°
50
Schnitt 1
Schnitt 2
20
45
25

7

8

Die Fußstütze und die Tischplattenstütze bestehen aus einer halbierten, verchromten Vorhangstange. Die Stützen stehen im rechten Winkel zur Schräge. Die Öffnungen dazu werden mit einem entsprechend langen Steinbohrer vorgebohrt und dann mit einer Raspel passend vergrößert. Ermitteln Sie nun die notwendige Länge der Vorhangstange mit einem Richtscheit, das Sie über die Auflagefläche der Scheibe bzw. Bodenfläche legen. Diese Arbeiten müssen millimetergenau durchgeführt werden. Die Stangen werden nach dem Verkleben der Steine eingebracht, die Öffnungen mit Kleber oder Mörtel ausgegossen. Dabei bestehen die letzten Korrekturmöglichkeiten. Mit der entsprechenden Farbe können Sie Akzente setzen.

8 Der fertige Tisch nach dem Konstruktionsvorschlag aus der Abbildung 5.

9 Die Blöcke stehen im Abstand von 50 cm, die Glasplatte ist 100 x 175 cm groß und 1 cm dick.

10 Ein wahrhaft interessanter Blickfang. Die runde Tischplatte hat einen Durchmesser von 1 m.

9

10

Sideboards – groß in Mode

1

Material
Planbauplatten und Plansteine
1. 3 x 50/25/10, 3 x 50/25/20,
2 x 50/25/25,
2. 9 x 50/25/75,
1 x Sturz 124/24/25,
Trockenkleber, Eckschutz schienen, Glättputz, Farbe, Tischplatten.

Werkzeug

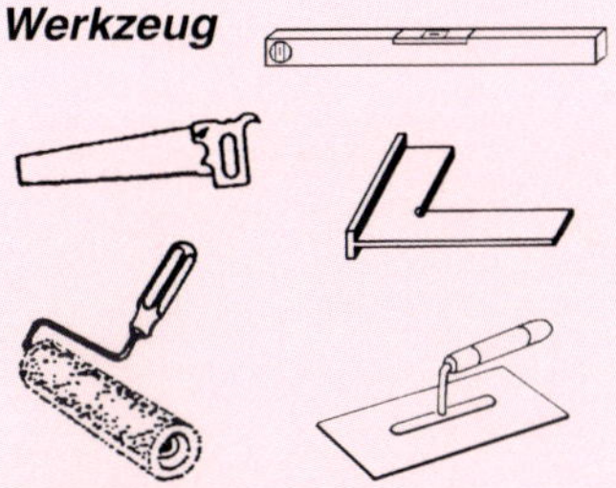

Schwierigkeitsgrad

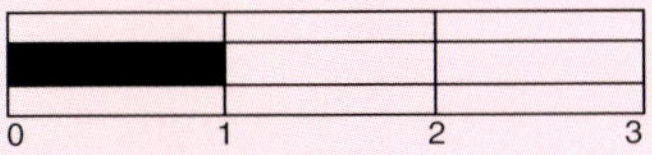

Kraftaufwand

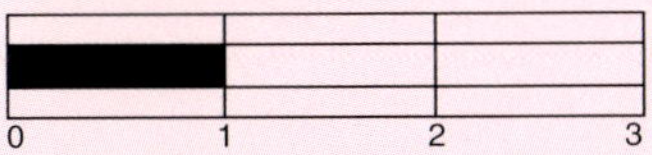

Arbeitszeit
Ohne Aushärtezeit je nach Oberflächenbehandlung 4 bis 7 Stunden.

Ersparnis
Ein Sideboard kostet zwischen 1 000 und 2 000 DM. Was ist Ihnen Ihr Designer-Möbel wert?

Sideboards – die fast vergessenen Möbelstücke – feiern zur Zeit fröhliche Renaissance. Es gibt kaum einen Möbeldesigner von Rang und Namen, der nicht zumindest einige Entwürfe vorzuzeigen hätte. Kein Wunder, denn mit diesem schmalen Möbel läßt sich auch in beengten Raumsituationen ein attraktiver Blickfang gestalten, der optisch nicht zu sehr aufträgt. Zudem bietet das Sideboard den adäquaten Standort für Kunstgegenstände, Schaustücke oder auch die Stereoanlage.

1–2 Diese moderne Version besteht aus zwei baugleichen, gegeneinander aufgestellten Stützen. Zum leichteren Transport sind die zwei Blöcke nicht miteinander verklebt. Der Bauplan zeigt das – trotz der Schrägen – einfache Konstruktionsprinzip. Halten Sie sich genau an den Steinverband. Damit ist gewährleistet, daß die beiden »Säulen« wirklich senkrecht stehen. Sorgen Sie für eine planebene Unterlage, sägen Sie alle Teile zurecht und prüfen Sie das Bauwerk, indem Sie es vor dem Verkleben «trocken« zusammenbauen.

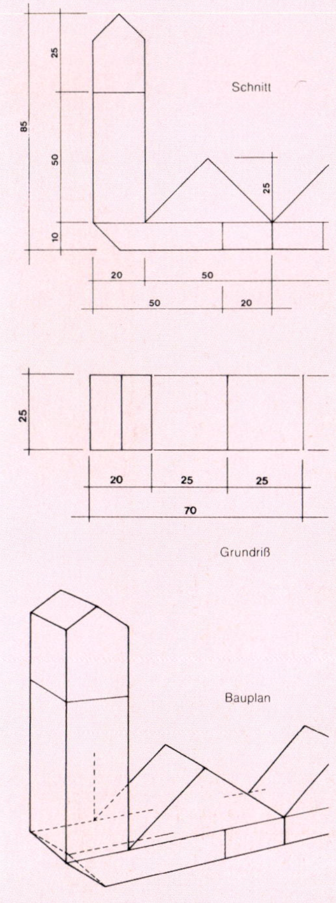

2

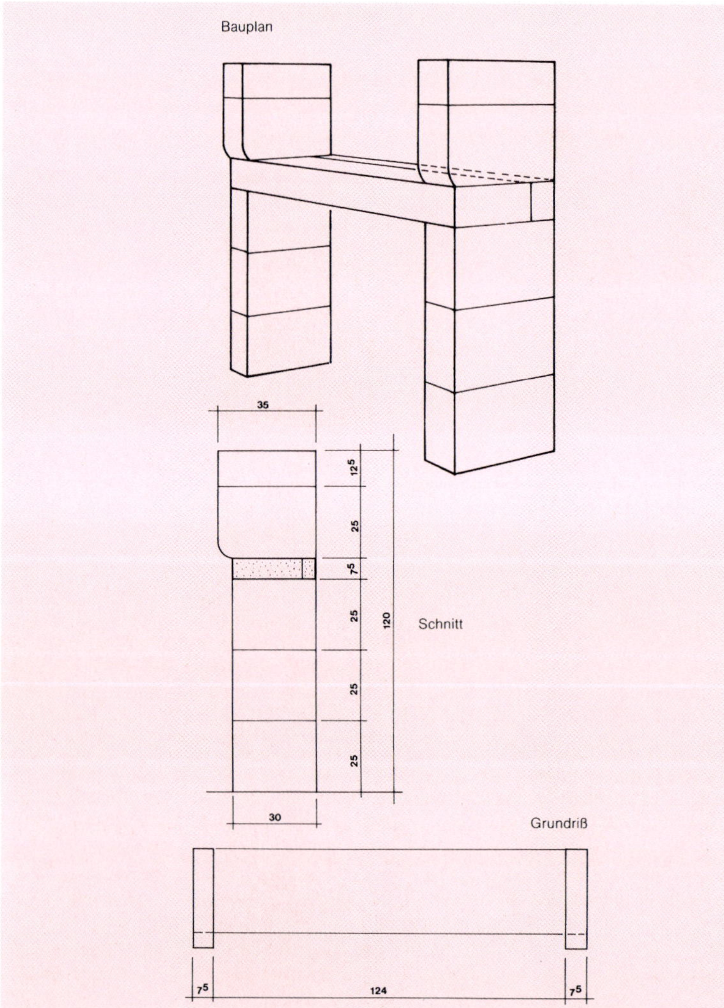

3

Die Oberfläche wurde hier nicht verputzt, sondern nur verspachtelt und schwarz gestrichen.

3 Eine elegante, zeitlose Lösung ist dieses Sideboard, das sehr einfach herzustellen ist. Für die Querverbindung wird ein Sturz verwendet. Da Stürze nur eine Tiefe von 24 cm aufweisen, muß die Tiefe von 30 cm durch Ankleben von Steinen hergestellt werden. Verwenden Sie dazu die beim Zuschneiden der Seitenteile anfallenden Steinreste. Exakt gleiche Rundungen für die oberen Seitenwangen erhalten Sie, wenn Sie bei der Bearbeitung beide Seitenteile aufeinander legen.

4 In diesem Beispiel wurde verputzt und grob abgezogen, um die Oberflächenstruktur des Sideboards dem Rauhputz der Wand anzugleichen. Anschließend wurde es gestrichen.

Natürlich können Sie für die Ablageflächen viele Materialien einsetzen, wie z.B. Naturstein, Holz oder Keramik. Hier wurde Rauchglas verwendet, um die Transparenz der Konstruktion zu erhalten.

4

»Regal-Mobil«

1

Material
Planbauplatten 11 x 50/25/4, 4 x 50/25/15, 2 x 50/25/20, 2 x 50/25/25, 1 x 50/25/30, Trockenkleber, Eckschutzschienen, Glättputz, Farbe, Glasböden.

Werkzeug
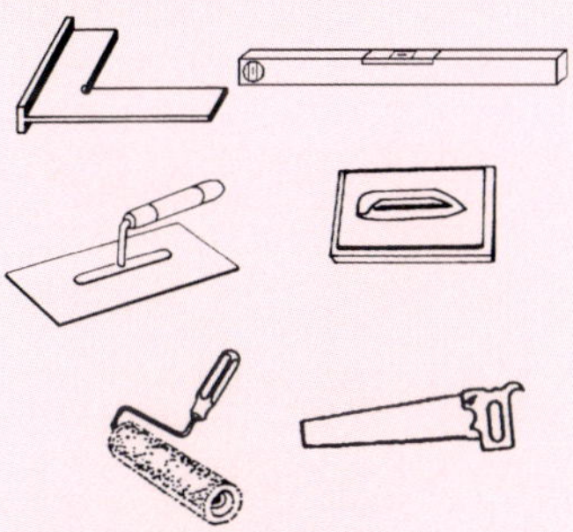

Schwierigkeitsgrad
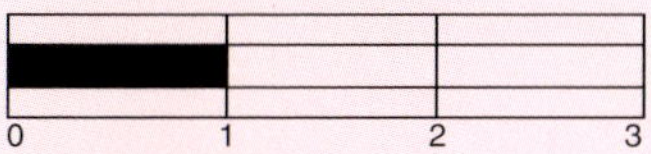

Kraftaufwand
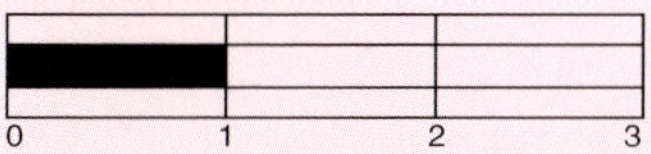

Arbeitszeit
Für den kompletten Aufbau benötigen Sie etwa 15 Stunden.

Ersparnis
Designer-Möbel sind teuer. Bewerten Sie selbst, was Ihnen Ihr Designer-Regal wert ist.

Edel, wie eine Skulptur, steht dieses Regal im Raum. Aber nicht nur seine Gestaltung ist ungewöhnlich, auch seine Einsatzvielfalt und »Mobilität« sind bemerkenswert.

1 Die Auflagenhöhe der Regalböden läßt sich leicht variieren, die Regaltiefe durch liegend eingebaute Planbauplatten entsprechend erhöhen.

2–3 Sie haben zwei Möglichkeiten, das mobile Regal aufzubauen: Entweder verwenden Sie – wie in der Materialliste beschrieben – Steine unterschiedlicher Dicke, die Sie entsprechend aufeinandersetzen, oder Sie kleben das Regal komplett aus 5 cm dicken Planbauplatten. Aus Stabilitätsgründen muß der oberste dünne Stein im Verband geklebt sein (siehe auch Bauplan!).

4–5 Wie Bauplan, Grundriß und Schnitt zeigen, ist das Bauprinzip denkbar einfach. Die Dicke des Regals nimmt mit jedem Regalbodenauflager um 5 cm ab.

6 Im Vergleich zur Abbildung 1 verändern Farbe und Lichteffekte die Wirkung.

2

3

Arbeitsanleitung: Regal

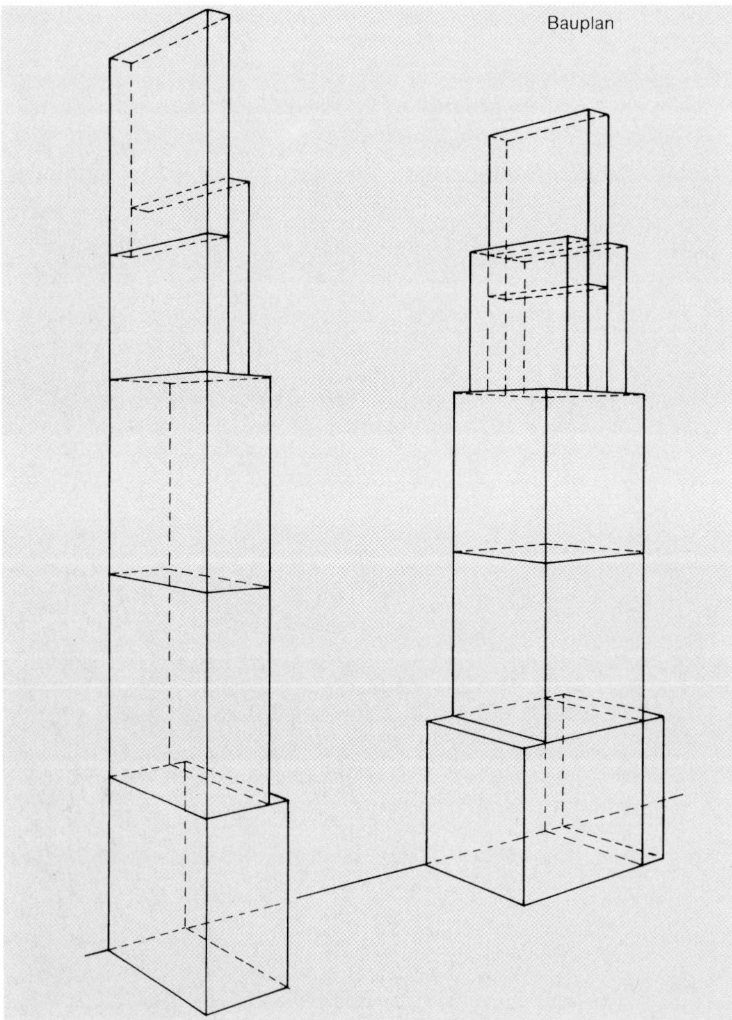

4

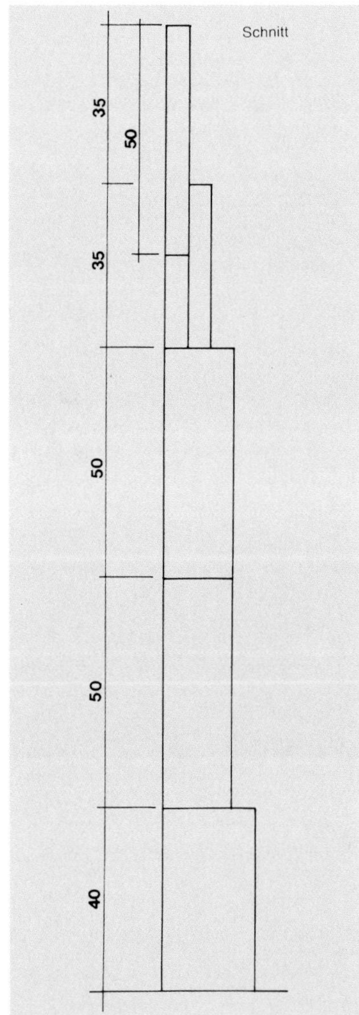

5

6

Einbauregale – einfach und vielseitig

1

Material
20 Planbauplatten 50/25/5 bis 12,5, Trockenkleber oder Dünnbettmörtel, Nägel, Glätt- oder Strukturputz oder Spachtelmasse, Tapeten, Farbe.

Werkzeug

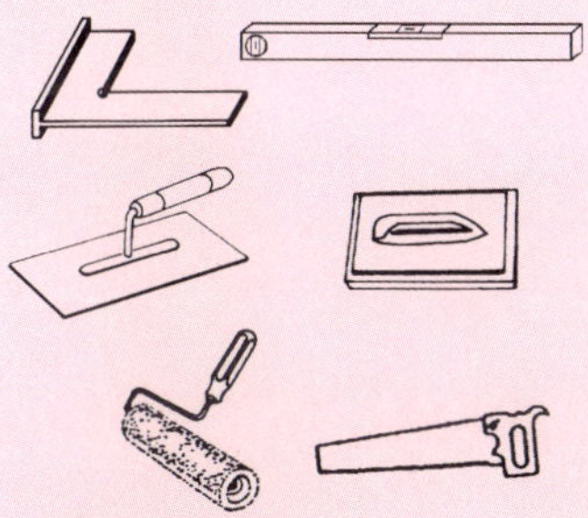

Schwierigkeitsgrad

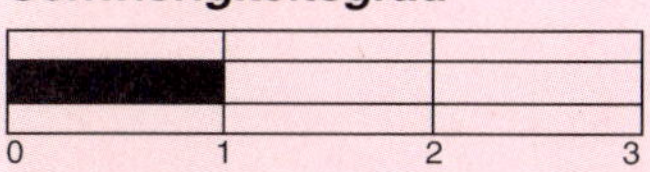

Kraftaufwand

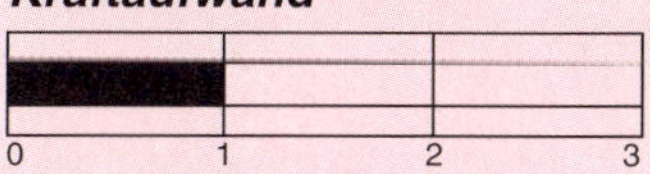

Arbeitszeit
Pro Seitenteil in Zimmerhöhe benötigen Sie 2 bis 3 Stunden einschließlich der Oberflächenbehandlung.

Ersparnis
Durch Eigenleistung sparen Sie pro Seitenteil 150 bis 200 DM.

Mit einem gemauerten Einbauregal können Sie jede Nische nutzen, Wände gliedern und neue Wohnzonen schaffen.

1 Die gezeigte Musterlösung soll nur Anregung sein. Mit Fachböden aus Glas, indirekter Beleuchtung und bestückt mit einigen Kunstgegenständen würde sich das gleiche Regal optisch vollkommen anders darstellen.

2 Der Aufbau eines gemauerten Regals gehört zu den einfachsten Arbeiten, die Sie mit Porenbetonsteinen ausführen können.

Profitip
Verlassen Sie sich auf keinen Fall darauf (insbesondere bei Eckeinbauten), daß Raumwände im rechten Winkel zueinander stehen.

Richten Sie die Plansteine mit einem Winkelmaß (ersatzweise genügt auch ein flachliegender Planstein als Anlage) so aus, daß die Regalwände jeweils im rechten Winkel zur Rückwand und absolut parallel zueinander stehen. Sie ersparen sich dadurch die mühevolle Zuschneidearbeit bei den Regalböden.

Bauplan

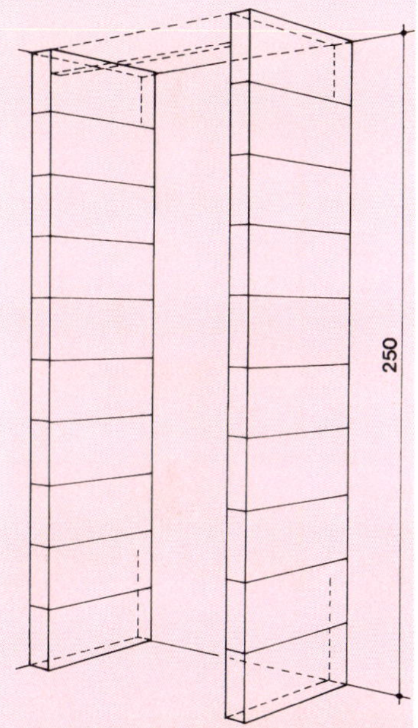

Grundriß

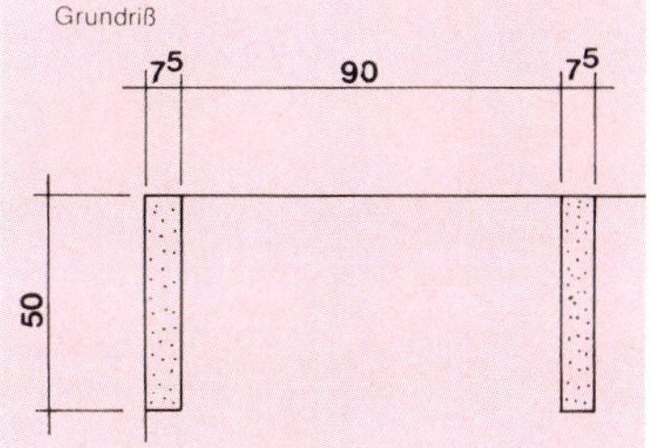

2

»Fideles« für HiFi

1

Material
Planbauplatten 18 x 62,5/25/5 und 20 x 50/25/7,5, Dünnbettmörtel, Glättputz, Eckschutzschienen, Farbe, 2 Spanplatten für Regalböden, Blendleiste.

Werkzeug

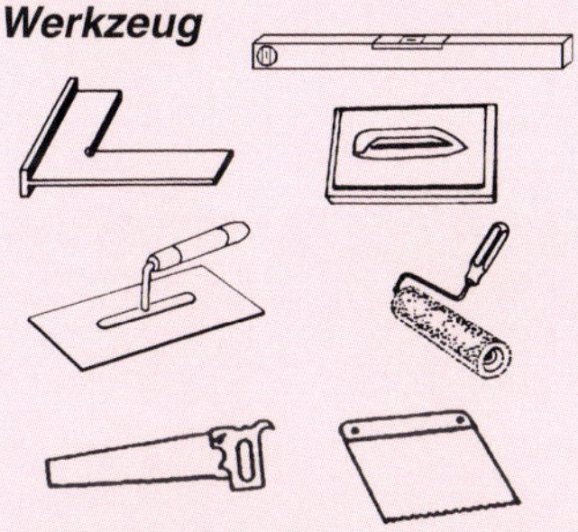

Schwierigkeitsgrad

Kraftaufwand

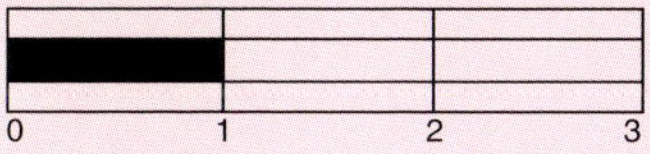

Arbeitszeit
Das Verputzen und Streichen ist zeitaufwendig. Etwa 2 1/2 bis 3 Tage à 8 Stunden müssen Sie einplanen.

Ersparnis
Gegenüber einem qualitativ guten Holzmöbel sparen Sie leicht bis zu 1 000 DM.

Um eine HiFi-Anlage in einem Raum unterzubringen, gibt es sicherlich eine ganze Reihe von Möglichkeiten. Der gestalterische Akzent bleibt oft auf der Strecke.

1–3 Ein gestalterisch etwas gewagter, aber funktionell sinnvoller Vorschlag ist dieser massive HiFi-Turm. Er ist harmonisch in das Erscheinungsbild des Raums einbezogen. Aber nicht nur die Optik kommt hier auf ihre Kosten. Das gegenüber einem herkömmlichen HiFi-Turm relativ hohe Eigengewicht und die massive Bauweise sorgen für einen erschütterungsunempfindlichen und von Eigenschwingungen nahezu freien Stand der Anlage. Die großzügigen Maße bieten nicht nur zusätzlich reichlichen Platz für Schallplatten, sondern gewährleisten auch eine ausreichende Belüftung der Geräte.

4 Die unten im Bild sichtbare **Bodenplatte** besteht aus 6 Bauplatten (d = 5 cm) und liegt zwischen den Seitenwangen.

5–6 Die Konstruktion der **Seitenwangen** ist kein Problem. Legen Sie sich nacheinander die drei

2

3

4

Bauplan

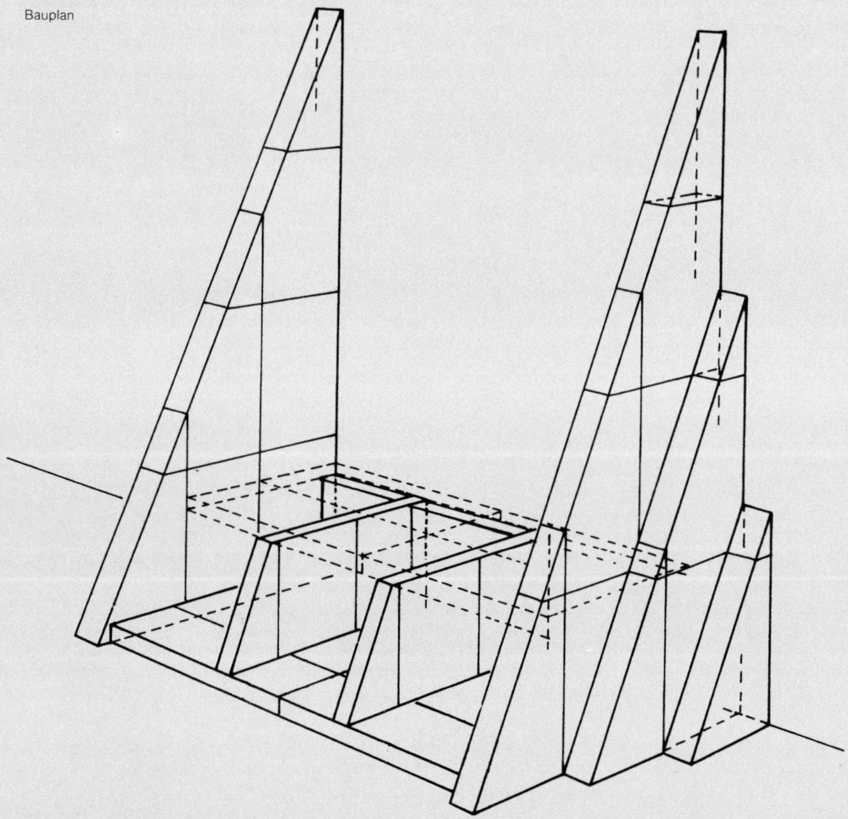

Rechtecke mit den Grund- und Höhenmaßen der Dreiecke auf den Boden. Zeichnen Sie je eine Diagonale in die Rechtecke ein. Sie erhalten so jeweils ein linkes und ein rechtes Dreieck. Numerieren Sie zum leichteren Zusammenbau die Steine. Danach können Sie entlang der Anzeichnung mit dem Sägen der Steine beginnen.

Verkleben Sie anschließend sinnvollerweise zuerst alle ganzen Plansteine, damit Sie anschließend alle schrägen Abschnitte gleichzeitig kleben können. Die kleinen Dreieckabschnitte lassen sich leichter kleben, wenn Sie den Kleber direkt auf den zugesägten Stein auftragen. Größere Ungenauigkeiten, die beim Sägen entstanden sind, können vor dem Verputzen mit dem Schleifbrett ausgeglichen werden. Die Farbgebung sollten Sie individuell nach Ihrer Raumgestaltung abstimmen. Für die beiden anderen **Regalböden** wurden gestrichene Spanplatten verwendet. Vorne sind sie mit einer 5 cm hohen Blendleiste versehen, die nicht nur dem optischen Eindruck dient, sondern den Regalboden auch gegen Durchbiegen schützt.

Schnitt

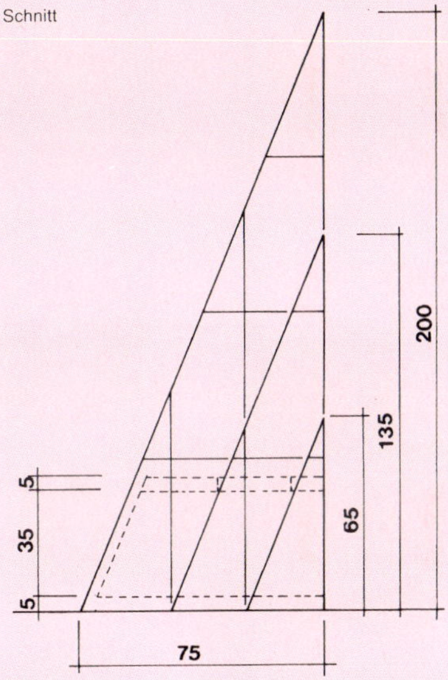

Grundriß

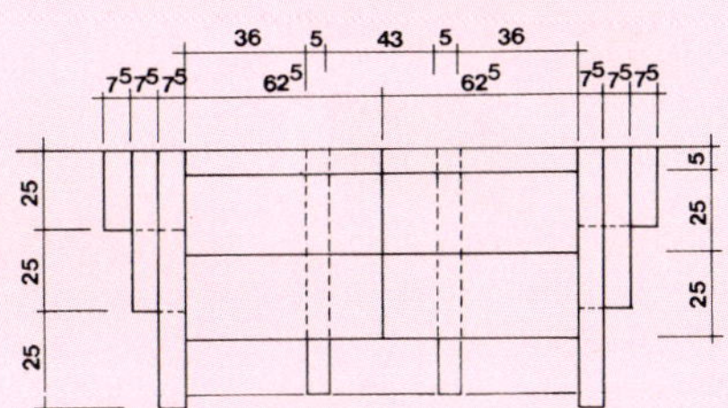

6

Ein Platz zum Träumen

1

Material
Anbau: Planbauplatten 25 x 50/25/7,5 und 3 x 62,5/25/5, Stürze 4 x 124/24/7,5, Raumteiler: Planbauplatten 21 x 50/25/7,5, Stürze 4 x 124/24/7,5, Dünnbettmörtel, Eckschutzschienen, Glättputz.

Werkzeug

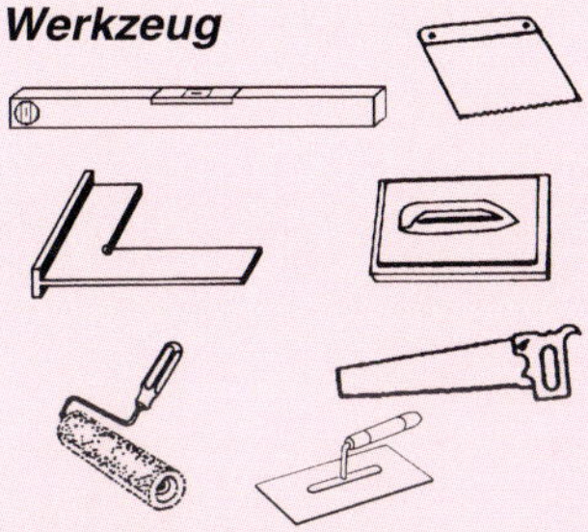

Schwierigkeitsgrad

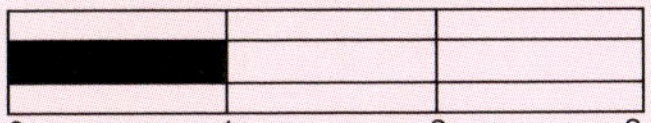

Kraftaufwand

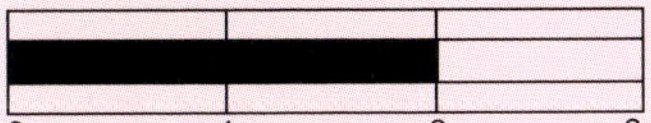

Arbeitszeit
Für den kompletten Aufbau mit Putz werden Sie zwei volle Arbeitstage à 8 bis 10 Stunden brauchen.

Ersparnis
Gegenüber einem massiven Holzanbau beträgt die Ersparnis ca. 500 bis 1 500 DM.

2

Mit Porenbetonbauteilen können Sie sich eine individuelle Sitzecke für gemütliche Abende am Kachelofen oder Kamin schaffen. Gemauerte Sitzbänke bieten genügend Platz zum Liegen oder eine Sitzgelegenheit für mehrere Personen.

1–2 Der ungenutzte Raum zwischen **Kachelofen** und Zimmerecke kann leicht mit einer massiven Ablage für Brennholz dekorativ überbrückt werden. Damit entsteht auch ein guter Anschluß zur Sitzbank.

Die weitere Gestaltung der **Sitzbank** und die Aufteilung des Regals ist nun unabhängig von der Gestaltung des Ofens.

Der komplette Aufbau wurde hier mit Glättputz glatt verputzt. Damit ist die Oberfläche des Regals und der Sitzgruppe der Oberfläche des vorhandenen Kachelofens angepaßt. Ein weißer, glatter Putz trägt gestalterisch nicht zu sehr auf und schont außerdem die Polster. Eine abwaschbare Farbe ermöglicht Ihnen eine leichte Pflege.

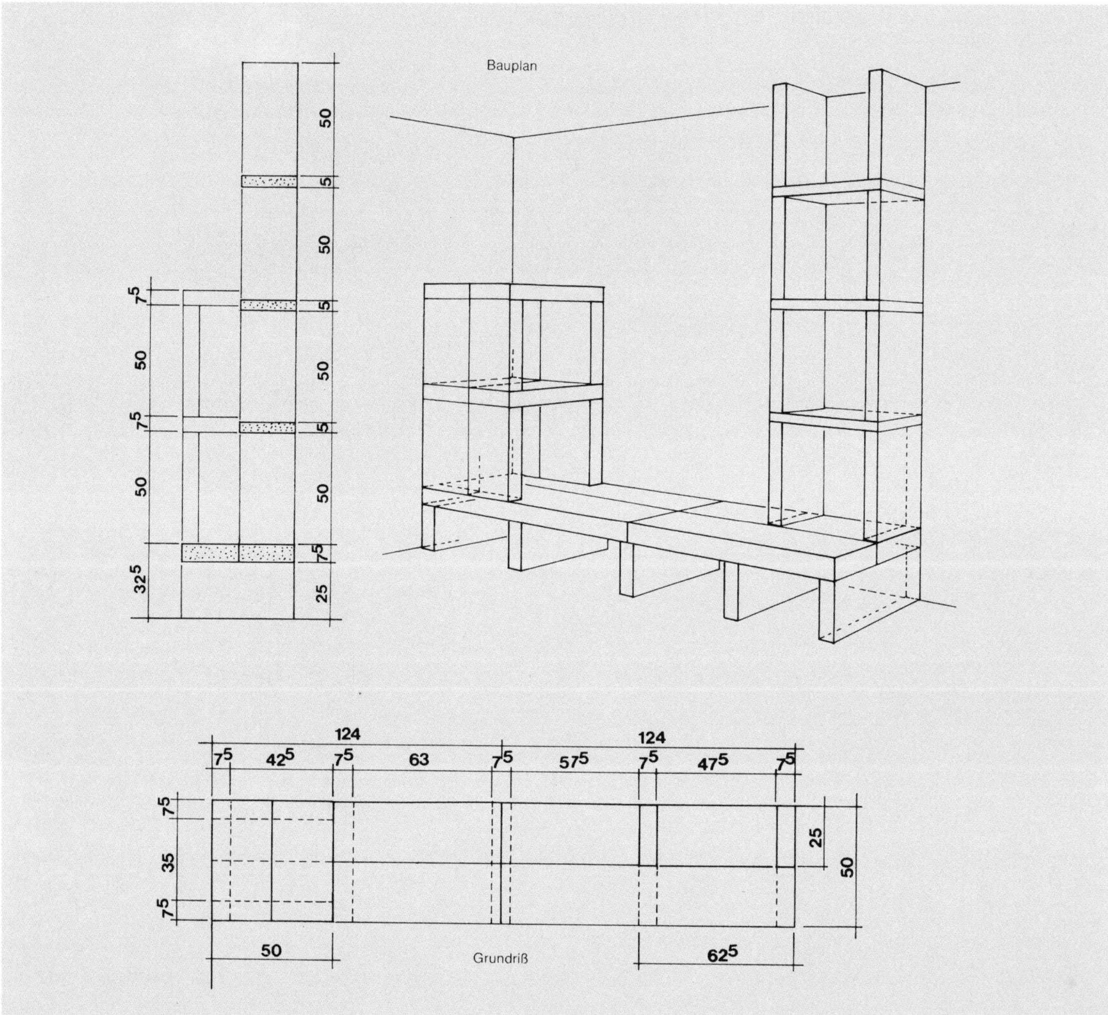
Bauplan
Grundriß

3 Der Grundriß zeigt deutlich die Gliederung der einzelnen Elemente. Das Regal wurde aus statischen Gründen so auf der Sitzfläche angeordnet, daß die seitlichen Regalwände genau über den Auflagern der Stürze für die Sitzfläche liegen.

Der Bauplan zeigt die genaue Konstruktion sowie Art und Abmessungen der Bauteile. Sie können die Abmessungen selbstverständlich Ihrer Raumsituation entsprechend verändern.

4 Dieses Regal erfüllt drei Funktionen: Es ist **Raumteiler, Rükkenlehne** und **Stütze** der Sitzpolster sowie ein geräumiges Regal, das Sie vielseitig verwenden können.
Auch hier wurden wieder Plansteine und Stürze in Standardmaßen verwendet und anschließend verputzt.

5 Ein detaillierter Aufbauplan zeigt Ihnen deutlich Konstruktion und Funktion des raumteilenden Regals. Selbstverständlich haben Sie auch hier die Möglichkeit, Länge, Höhe und Tiefe des Regals nach Ihren Raumverhältnissen zu verändern.

4

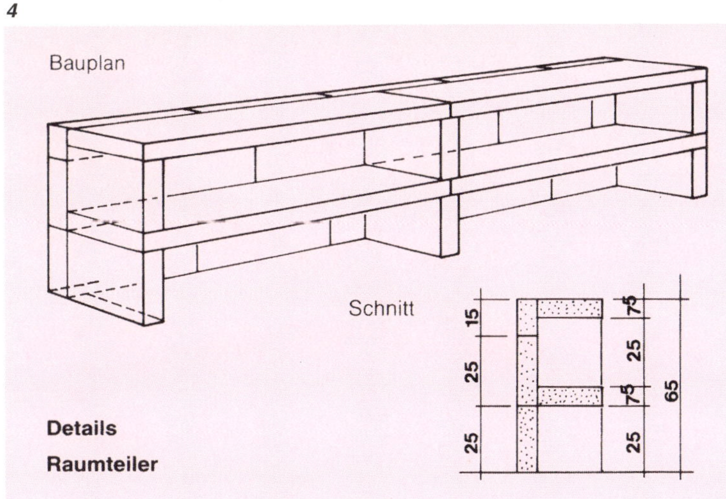

5

Klassisch, elegant und bequem – Eckcouch nach Maß

Material

Planbauplatten 9 x 50/25/10, 22 x 50/25/7,5 und 2 x 75/50/7,5, Stürze (tragend) 8 x 129/24/25, Dünnbettmörtel, Eckschutzschienen, Glättputz, waschfeste Farbe, Lattenrost, Sitzpolster.

Werkzeug

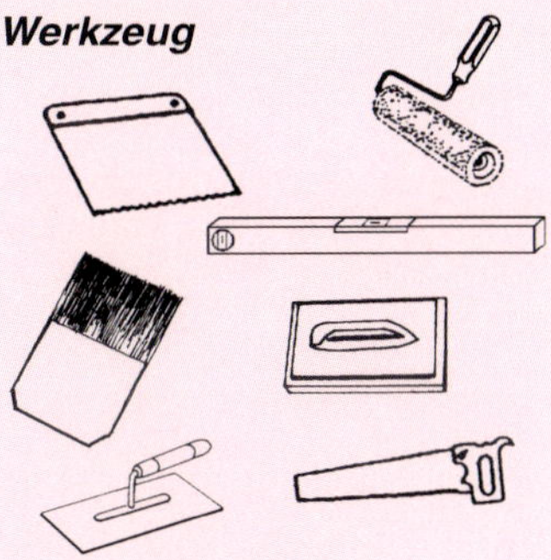

Schwierigkeitsgrad

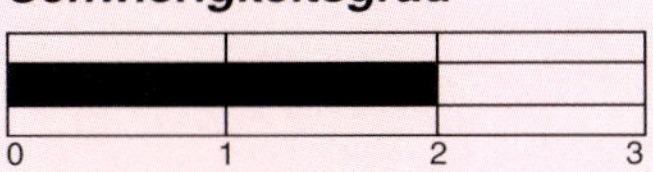

Kraftaufwand

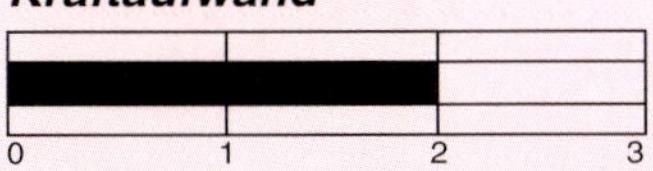

Arbeitszeit

Sie benötigen 2 Tage à 8 bis 10 Stunden.

Ersparnis

Eine schöne, qualitativ gute Sitzgarnitur kostet über 5 000 DM. Sie sparen leicht über 3 000 DM.

1–2 Die Abbildungen zeigen, wie die **Sitzgruppe** aus Elementen zusammengebaut wird.

Auf den aus **Stürzen** gebauten Rahmen für die Sitzpolster können Sie als Unterlage für die Sitzpolster zwischen mehreren Möglichkeiten wählen: einem Lattenrost, einer durchgehenden Auflage aus Preßspanplatten, oder Sie füllen den in dieser Lösung vorhandenen Zwischenraum ganz mit Stürzen aus.

3 In die Armlehne wurde ein Bücherregal integriert.

Nachdem Sie die Sitzgruppe entsprechend dem Aufbauplan geklebt und montiert haben, verputzen Sie die Plansteine möglichst glatt und streichen sie mit abwaschbarer Farbe.

Für welche Art von **Polster** Sie sich entscheiden, hängt von Ihren Gestaltungswünschen ab. Auch mit der Wahl der Bezüge können Sie das Sofa Ihrem individuellen Einrichtungsstil anpassen.

4–5 Dieser Bauplan gibt einen Vorschlag, den Sie individuell variieren können.

1

2

3

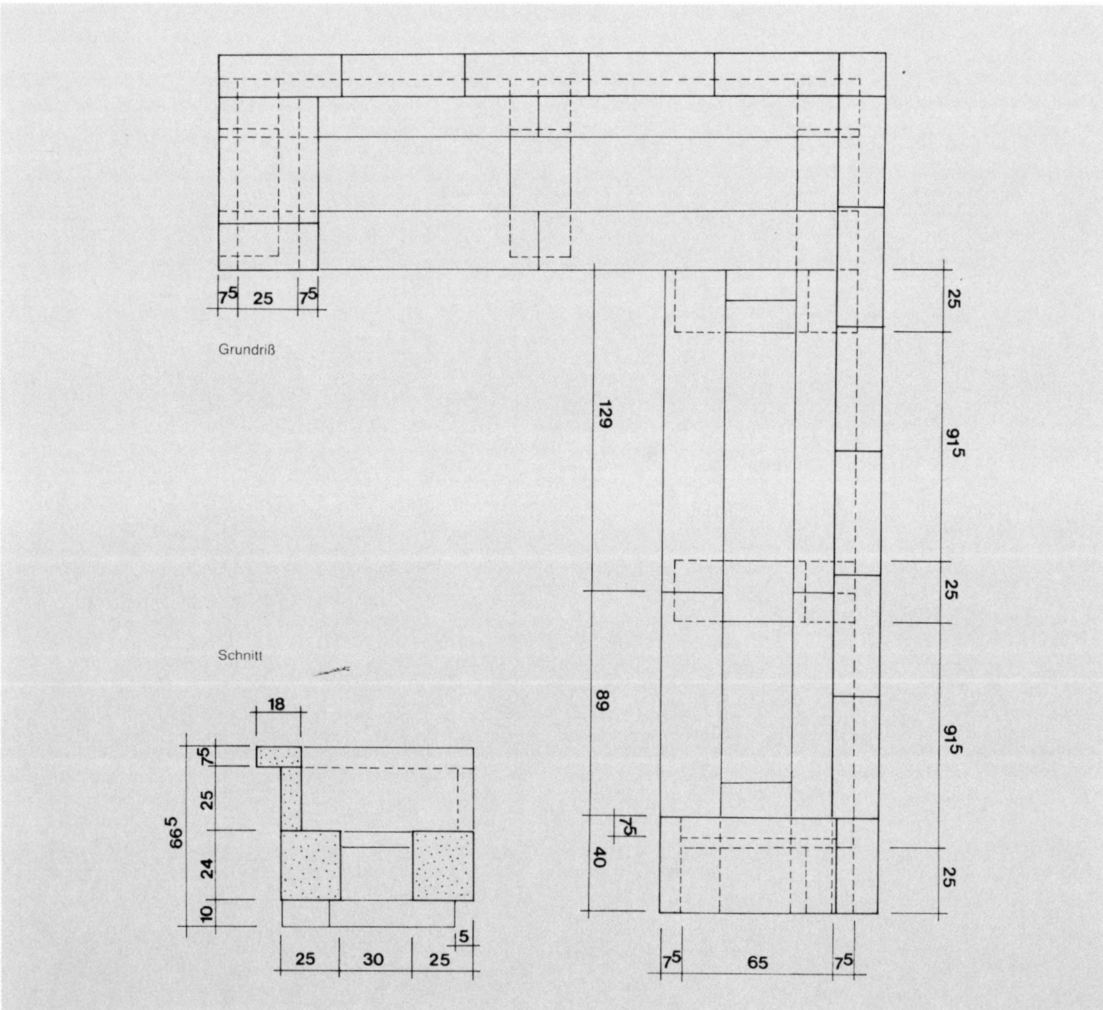
7^5
25
7^5
Grundriß
129
89
40
7^5
25
91^5
25
91^5
25
7^5
65
7^5
Schnitt
18
7^5
25
66^5
24
10
25
30
25
5

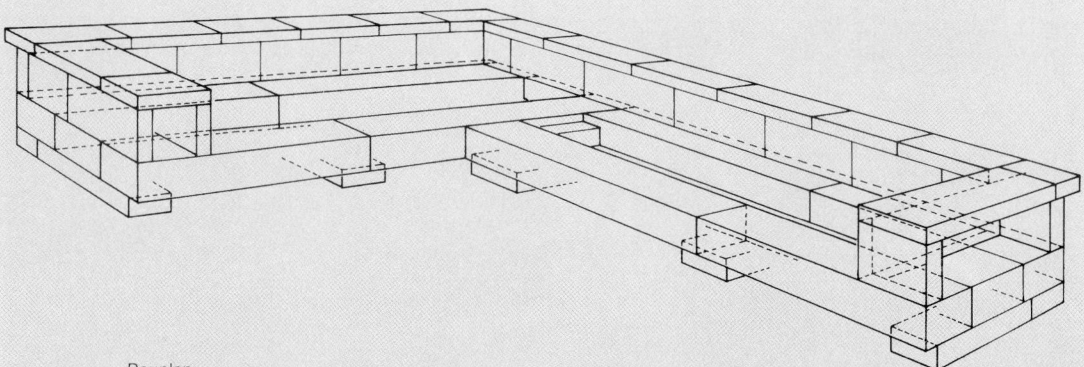

Bauplan

5

Wohnen auf zwei Ebenen: Raumteiler mit Doppelfunktion

Material
Planbauplatten 55 x 50/25/7,5 und 30 x 50/25/5, Stürze 12 x 124/24/10, Glättputz, Eckschutzschienen, waschfeste Farbe, Trockenkleber oder Dünnbettmörtel.

Werkzeug

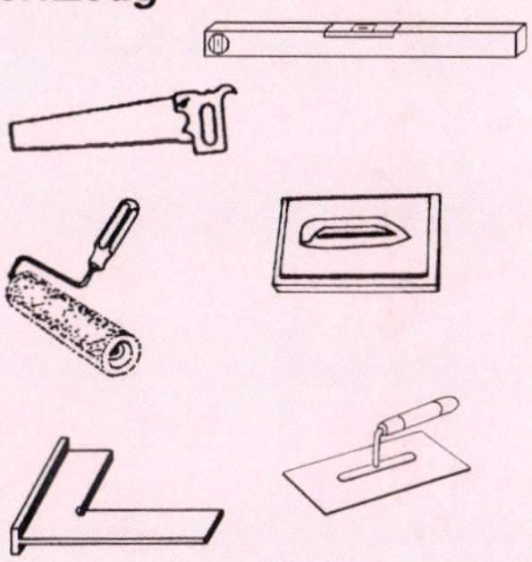

Schwierigkeitsgrad

Kraftaufwand

Arbeitszeit
Wenn Ihnen bei der Arbeit noch jemand hilft, schaffen Sie Aufbau und Verputzen an 2 Tagen.

Ersparnis
Sie sparen bis zu 3 000 DM.

Versetzte Wohnebenen geben einem Haus oder einem Raum immer einen ganz besonderen architektonischen Akzent.
Große Räume können so in unterschiedliche Wohnbereiche aufgeteilt werden, ohne daß sie dabei ihre Großzügigkeit verlieren. Für unser Beispiel haben wir eine Situation gewählt, in der der Höhenunterschied zwischen den Ebenen so groß ist, daß der obere Bereich gesichert werden muß. Die einfachste Lösung wäre ein Geländer in unterschiedlichen Ausführungen. Wir zeigen Ihnen eine Lösung, die absolut sicher ist, zudem elegant und mehrfach nutzbar.

1 Zur Wohnzimmerseite hin dient der Raumteiler als offenes Regal, das sowohl die Funktion eines Bücherregals, HiFi-Turms oder einer Hausbar übernehmen kann. Eng nach hinten versetzte, senkrechte Trennwände dienen als Auflager für die waagrechten Stürze.

2 Zur Eßecke hin präsentiert sich der **Raumteiler** als eine bequeme, gepolsterte Sitzbank, die damit an die Tradition der guten alten Wohnküchenbank anknüpft. Eine solche zusätzliche Sitzflä

1

2

3

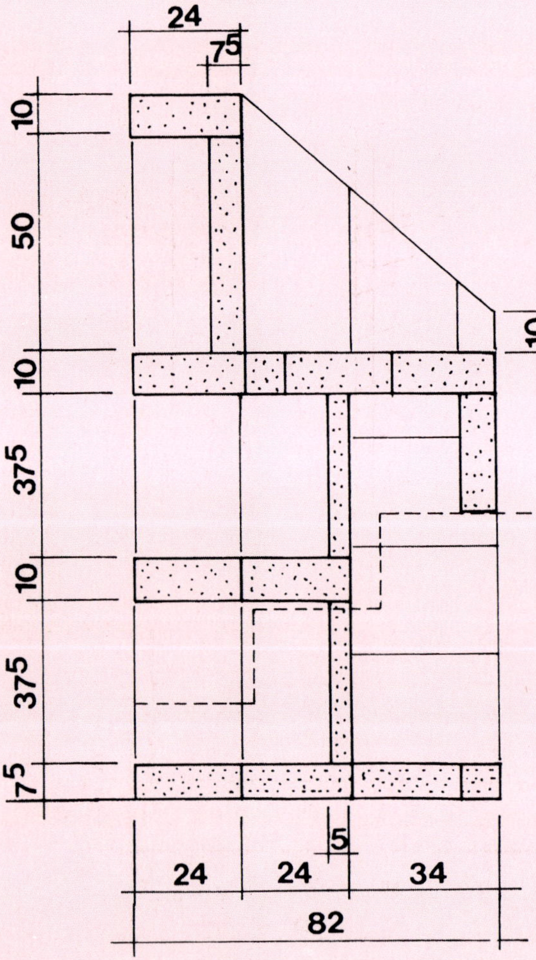

4

che im Eßbereich ist nicht nur hilfreich, wenn Sie mehr Gäste haben, auch ist sie bequem und geeignet für ein kleines Nickerchen zwischendurch.

3 Ein besonderer Vorteil dieser Konstruktion liegt darin, daß sie sich auch verwirklichen läßt, wenn die Wohnebenen bei Ihnen höher oder niedriger liegen als in diesem Beispiel. Der Höhenunterschied kann leicht ausgeglichen werden, indem Sie die vertikalen Stützen entsprechend niedriger zuschneiden oder auch ein komplettes Regalfach ausfallen lassen. Die Höhe des Raumteilers sollten Sie so anlegen, daß Sie, wenn Sie nach dem Essen ins Wohnzimmer »umziehen«, den Raumteiler auch als Tresen verwenden können.

4–5 Wie Sie dem Grundriß entnehmen, wurde die Breite des Raumteilers so gewählt, daß er genau der Länge von zwei Stürzen entspricht. Die Seitenansicht zeigt den Aufbau des Raumteilers. Das Aufbauprinzip ist leicht durchschaubar: Links an der Wand und rechts an der Treppenseite wurden Plansteine als Auflagen für die Stürze an Wand und Treppenwange geklebt.

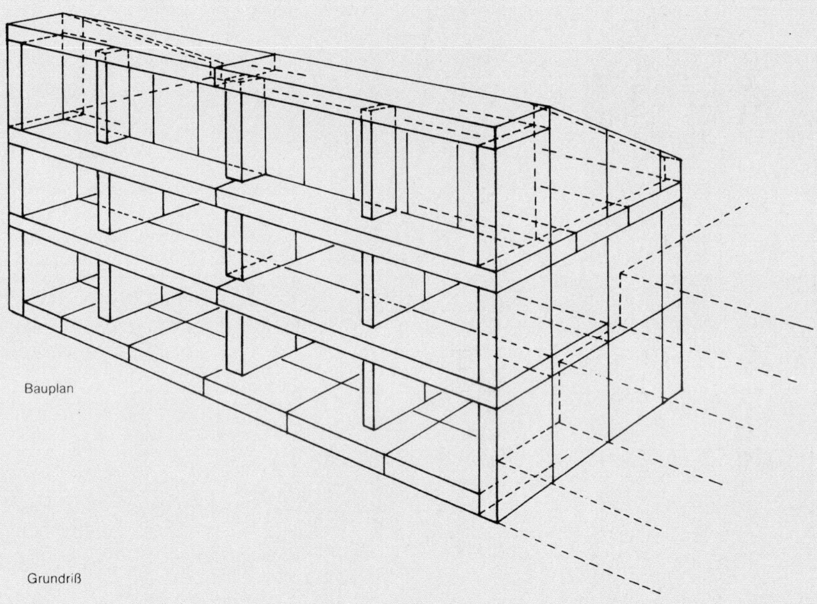

Bauplan

Grundriß

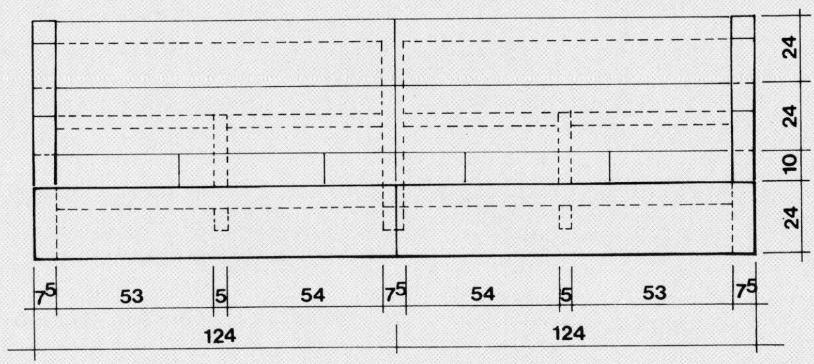

Mädchenbude macht Karriere

1

Material
Planbauplatten; Raumteiler: 58 x 50/25/7,5, Sideboard: 17 x 50/25/5; 62,5/25/5, Schrauben, Dübel, Spanplatte, Klavierband, Trockenkleber, Eckschutzschienen, Glättputz, Farbe.

Werkzeug

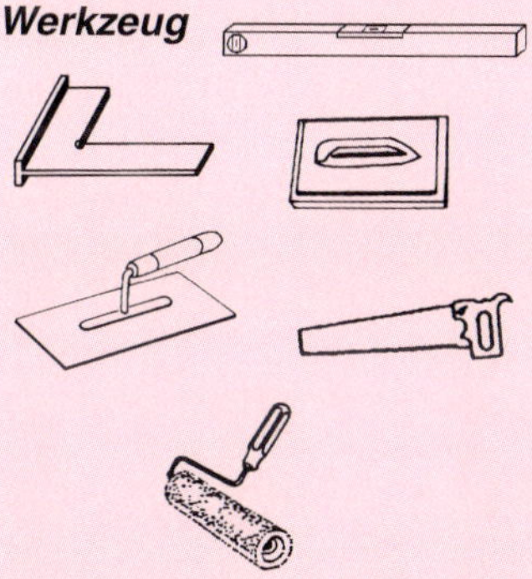

Schwierigkeitsgrad

■		

0 1 2 3

Kraftaufwand

■		

0 1 2 3

Arbeitszeit
Für beide Einbauten zusammen benötigen Sie etwa 2 bis 3 Tage.

Ersparnis
Pro Einbau sparen Sie ungefähr 1 000 DM.

2

3

1 Ein transparent und hell wirkender **Raumteiler** ist zentrales Element dieser Mädchenzimmergestaltung. Er besteht aus quadratischen, regelmäßigen Fächern aus Planbausteinen und aus 7,5 cm dicken Planbauplatten.

2 Der besondere Vorteil dieses Raumteilers besteht darin, daß er von beiden Seiten zugänglich ist. Dies ermöglicht einen schnellen Zugriff auch auf Dinge, die eigentlich im anderen Raumteil sind.

3 Eine Schrankwand mit verspiegelten Türen an der Rückwand des Raums vergrößert das Jugendzimmer optisch. Spiegelwand und Raumteiler sind einander so zugeordnet, daß der Raumteiler in der **Spiegelwand** praktisch optisch verschwindet.

4 Der Aufbau des Raumteilers erfolgt wieder nach dem bekannten System und läßt sich beliebig variieren. Auf einem **Unterbau** aus Hebel Planbausteinen kleben Sie senkrecht genau über die Mitte der Fugen die Planbausteine für die zweite Lage. Je nachdem, welcher Belastung Sie die Regalböden des Raumteilers aussetzen wollen, wählen Sie hierfür entweder Planbausteine bei geringer Belastung oder Stürze bei stärkerer Belastung, z.B. wenn Sie weniger Auflager verwenden wollen.

Der Aufbau der weiteren Regalreihen erfolgt in gleicher Weise.

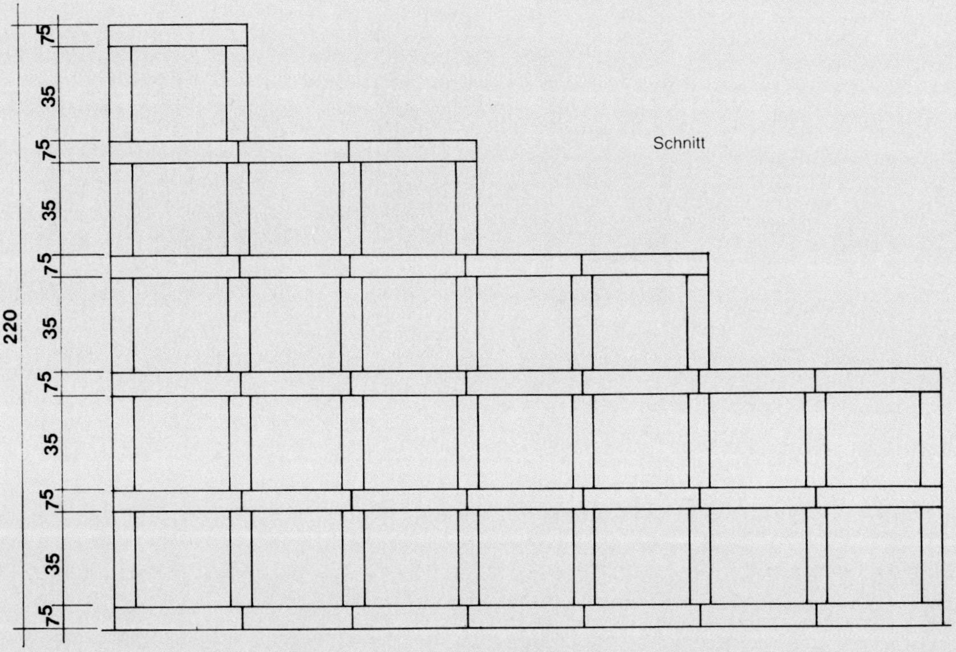
220
7⁵
35
7⁵
35
7⁵
35
7⁵
35
7⁵
35
7⁵
Schnitt

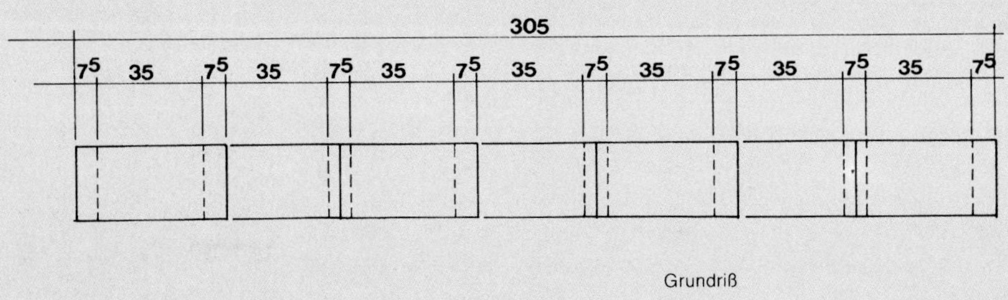
305
7⁵ 35 7⁵ 35 7⁵ 35 7⁵ 35 7⁵ 35 7⁵ 35 7⁵ 35 7⁵
Grundriß

4

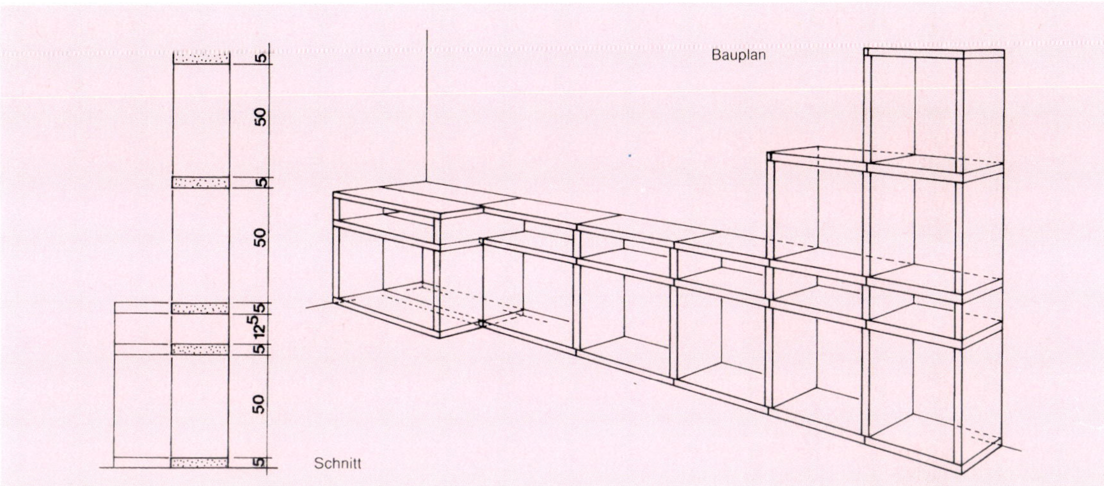

5

5 Ein Gegenstück zu dem Raumteiler bildet das Sideboard aus Planbausteinen. Auch hier ist wieder das Gestaltungsprinzip der sich wiederholenden, einheitlichen Formen und der Abtreppung aufgenommen. Dadurch wird ein gestalterisches Gesamtbild der Raumkonzeption erreicht.

Der Aufbau des Sideboards erfolgt grundsätzlich in der gleichen Art und Weise wie der des Raumteilers. Auf einem Untergrund aus Planbausteinen werden nacheinander senkrecht und waagrecht Planbausteine und Stürze miteinander verarbeitet. Die Tiefe des Sideboards beträgt über die ganze Länge hinweg 25 cm. Am linken Ende wurde durch den Vorbau eines Elements die Tiefe auf 50 cm erhöht.

6 Mit einem Trick können Sie sich eine zusätzliche **Arbeitsfläche** schaffen. Das Mickey-Maus-Bild aus Abb. 1 läßt sich als Schreibtischplatte herunterklappen. Der schwarze Rahmen dient als Halterung. Die Arbeitsplatte ist mit einem sogenannten Klavierband an der Wand befestigt.

6

Küche sucht »Anschluß«

1

Material
Planbauplatten 95 x 62,5/25/7,5 und 20 x 62,5/25/10, Stürze 5 x 124/24/10, Dünnbettmörtel, Eckschutzschienen, Glättputz, waschfeste Farbe, Porenbetonnägel, Preßspanplatten für Türen und Böden, Türgriffe, Arbeitsplatte.

Werkzeug

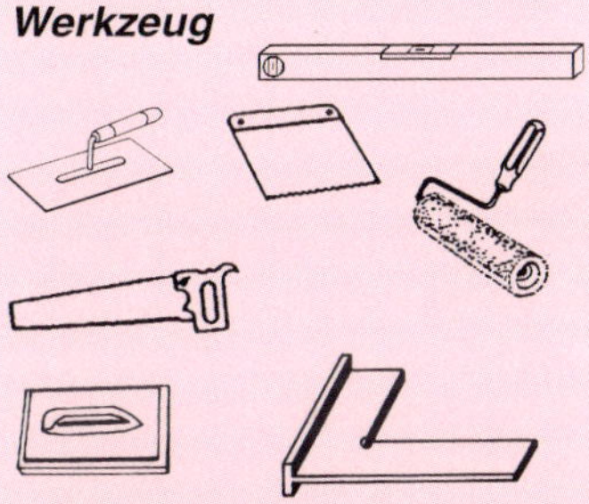

Schwierigkeitsgrad

Kraftaufwand

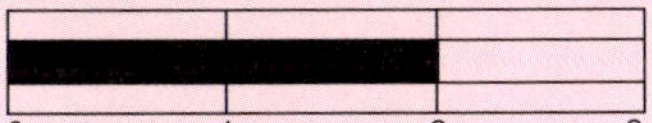

Arbeitszeit
Sie benötigen 6 Tage à 8 bis 10 Stunden.

Ersparnis
Gegenüber einer »maßgeschneiderten« Einbauküche sparen Sie bis zu 10 000 DM.

Nicht nur bei kleinen und schmalen Küchen von Neubauten bedarf die Planung besonderer Sorgfalt, sondern auch besonders bei großen Räumen in Altbauten. Hier steht man oft vor dem Problem, große Räume den veränderten wohntechnischen Bedürfnissen anzupassen.
Eine häufig gewählte Lösung ist die Trennung von Koch- und Eßbereich, die auch von Innenarchitekten gerne empfohlen wird.

1 Durch die sinnvolle hufeisenförmige Anordnung des Arbeitsplatzes und der Regale wird den modernen küchentechnischen Bedürfnissen Rechnung getragen. Gleichzeitig entsteht dadurch noch genügend Platz für einen abgeschlossenen **Eßbereich**.

2 Die zum Eßbereich hin offene Anrichte nimmt dem Raum die Enge, verkürzt den **»Transportweg«** und schafft eine kommunikative Lösung. Eß- und Kochbereich sind nicht isoliert voneinander, die »gemütliche Unterhaltung« bei der Küchenarbeit bleibt erhalten.

3 Viele Geräte, die eigentlich nicht als Einbaugeräte geeignet sind, werden in dem großzügig gestalteten **Geräteturm** senkrecht übereinander angeordnet. Genügend Abstand für die Kühlung der Geräte wird berücksichtigt. Bedenken Sie, daß die in Abbildung 5 angegebenen Daten Rohbaumaße ohne Oberflächenbehandlung sind.

2

3

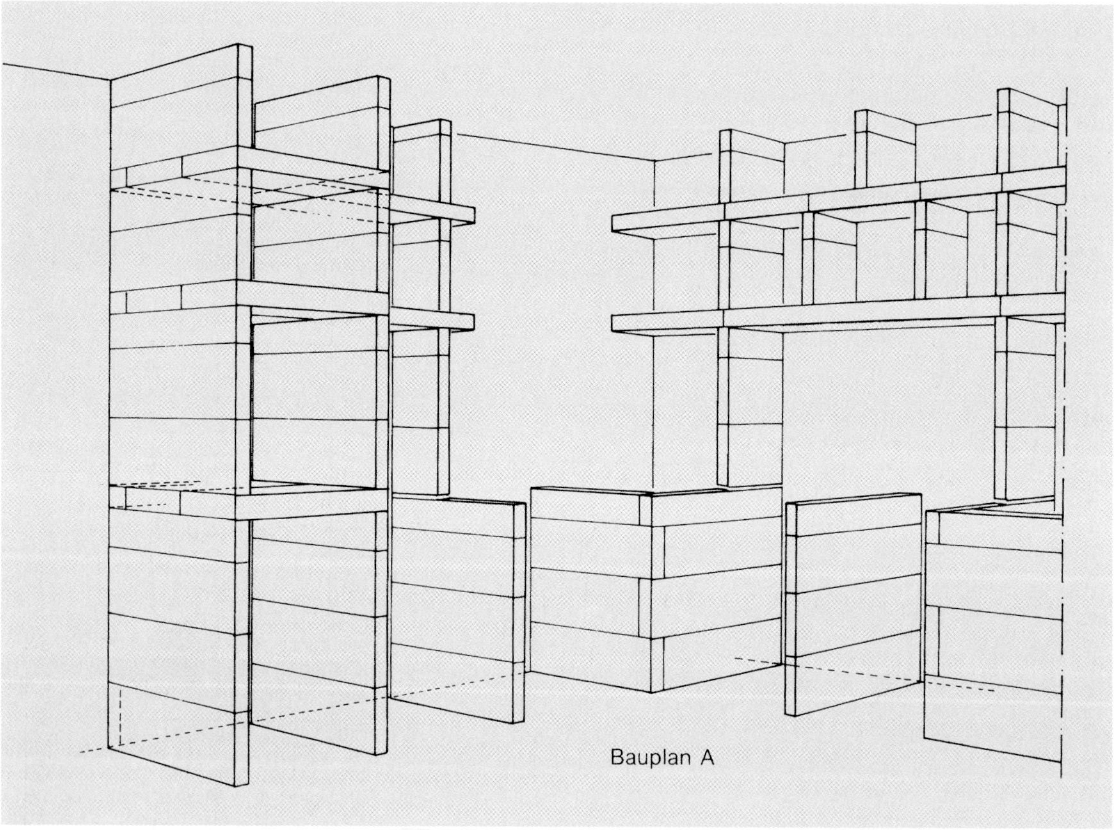

4

Trotz des vergleichsweise geringen benötigten Raums wirkt die Küche durch die konsequente Planung und Raumausnützung sehr großzügig und offen.

4–5 Die Baupläne A und B zeigen Ihnen den Aufbau der Ober- und Unterschränke und die Aufteilung der **Einbauten**.

Den Grundriß können Sie nach Ihren eigenen Bedürfnissen, Raumverhältnissen und benötigten Einbaugeräten beliebig in Größe und Aufbau planen und ausführen.

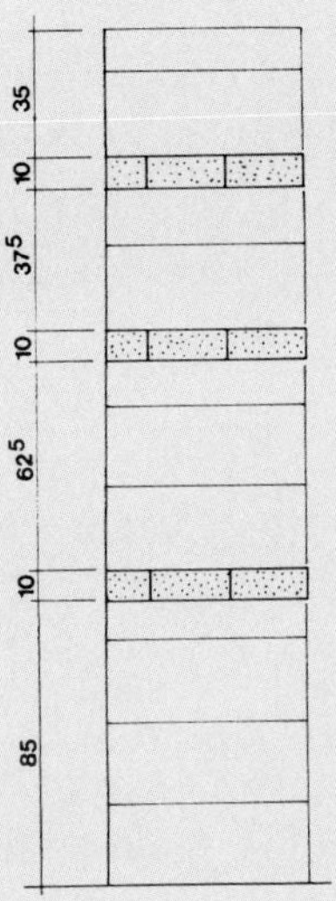

Schnitt 1

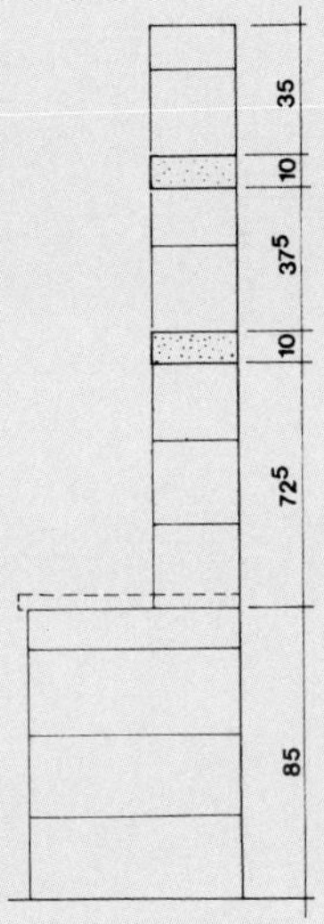

Schnitt 2

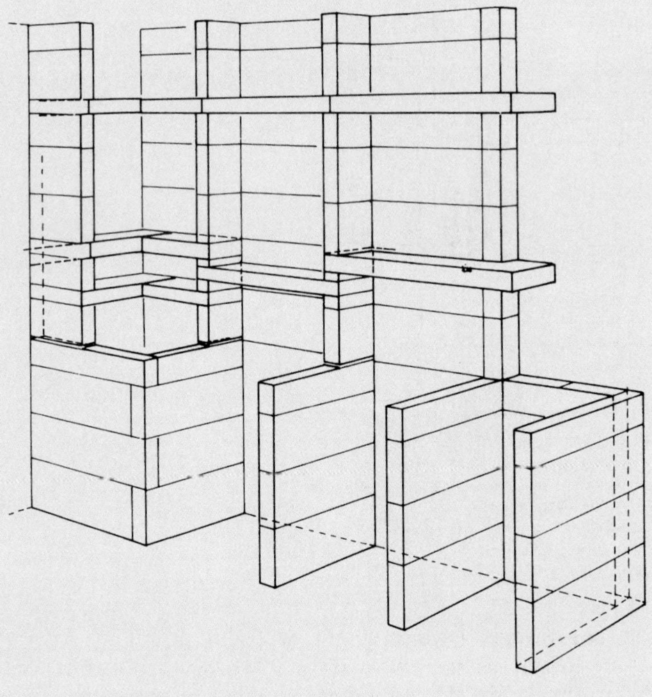

Bauplan B

Küche unterm Dach – kein Winkel bleibt ungenutzt

Material

Planbauplatten 18 x 50/25/10, 70 x 62,5/25/10 und 4 x 75/50/10, Stürze 12 x 124/24/10, Dünnbettmörtel, Eckschutzschienen, Glättputz, Preßspanplatten, Lamellentüren, Fliesen sowie Fliesenkleber, Fugenmasse.

Werkzeug

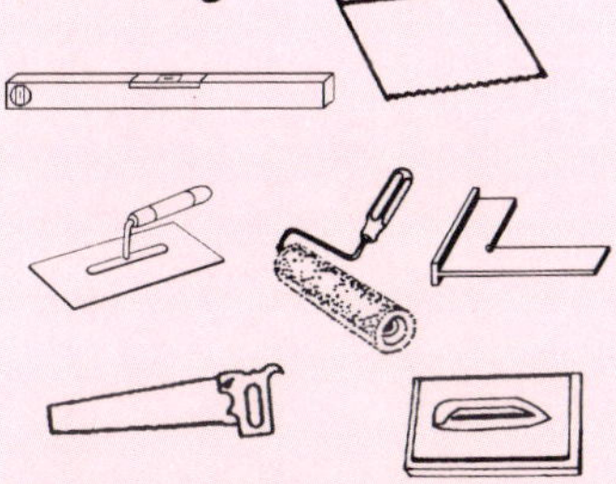

Schwierigkeitsgrad

Kraftaufwand

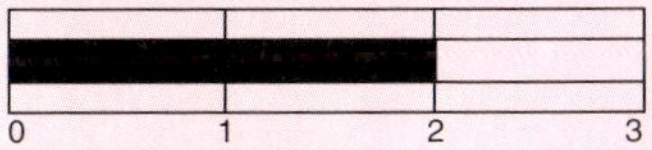

Arbeitszeit

Als Arbeitszeit müssen Sie 6 Tage à 8 bis 10 Stunden rechnen.

Ersparnis

Gegenüber einer Maßeinbauküche können Sie bei dieser Größe bis zu 12 000 DM sparen.

1

3

2

4

Unter Dachschrägen ist eine Maß-Küche aus Porenbetonelementen die preiswerteste Form, Komfort und Kochvergnügen miteinander zu verbinden.

1 Wenn Sie in einer Mietwohnung wohnen, müssen Sie vor dem Arbeitsbeginn unbedingt die **Genehmigung** des Vermieters einholen, da es sich bei dieser Porenbetonküche um einen festen Einbau handelt.
Dies kann aber gleichzeitig ein Vorteil sein, denn feste **Einbauten** können mit Bausparverträgen finanziert werden.

Berücksichtigen Sie bei der Planung auch den Einbau Ihrer

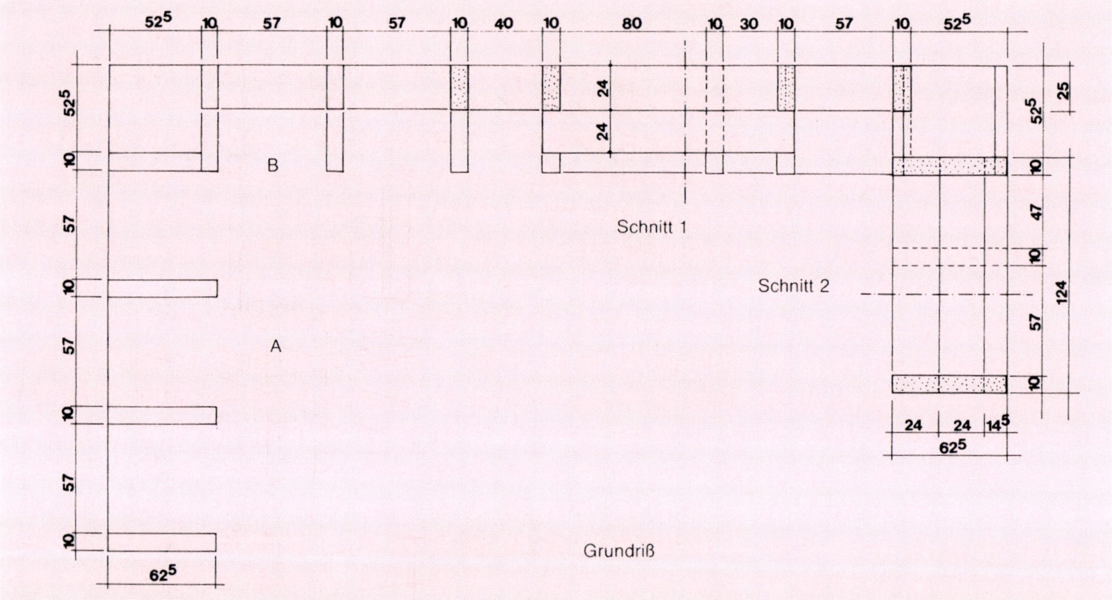

5

Küchengeräte: Alle Maßangaben sind Rohbaumaße ohne Oberflächenbehandlung.
Eine genaue Planung ermöglicht es Ihnen, wichtige Küchengeräte arbeitsökonomisch sinnvoll unterzubringen.

Wählen Sie bei der Gestaltung der Unterschränke die Abmessungen so, daß Sie in Normmaßen erhältliche und vorgefertigte **Türen** verwenden können.

Sicherheitstip
Beachten Sie, daß elektrische Küchengeräte Luftzirkulation benötigen, um eine Überhitzung zu vermeiden.

2 Geflieste **Arbeitsflächen** sind wesentlich hitzebeständiger als kunststoffbeschichtete. Als Auflagefläche dient hier eine unbeschichtete Preßspanplatte, die anschließend gefliest wurde.

3–4 Außer der Arbeitsplatte verwenden Sie Plansteine und Stürze.

5 Gleichmäßige Abstände der Unterschränke sind bei der Beschaffung der Schranktüren von Vorteil. Die Abstände von zwei Unterschrankbreiten inklusive Auflagerfläche ergeben eine Standardsturzlänge von 1,24 m.

6 Die Baupläne zeigen den genauen **Mauerverband**.

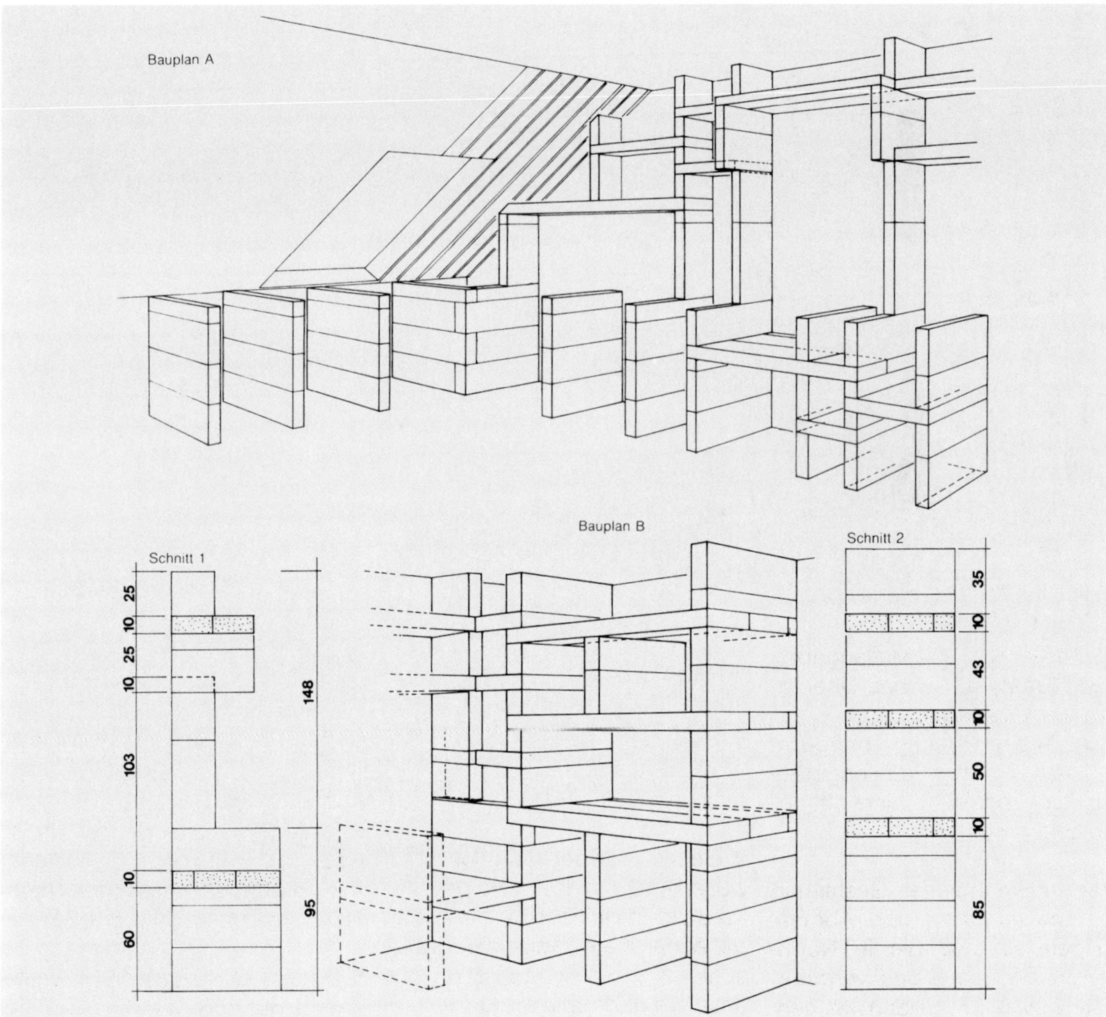
Bauplan A
Bauplan B
Schnitt 1
25
10
25
10
148
103
10
95
60
Schnitt 2
35
10
43
10
50
10
85

6

Schreibtisch maßgefertigt

1

Material
40 Planbauplatten 50/25/7,5, 4 Stürze 124/24/7,5, Dünnbettmörtel, Eckschutzschienen, Glättputz, Farbe, Regalböden.

Werkzeug

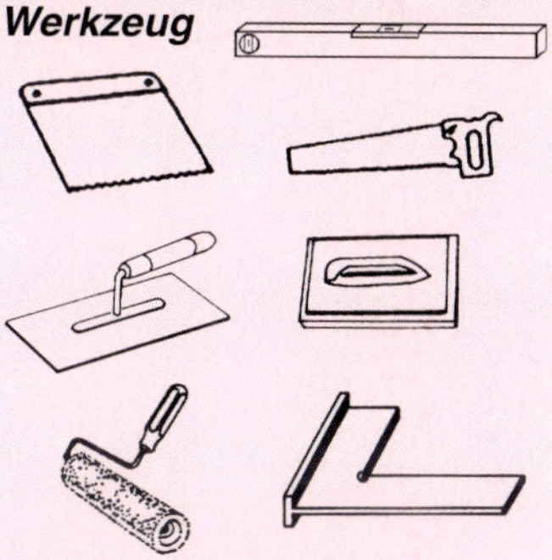

Schwierigkeitsgrad

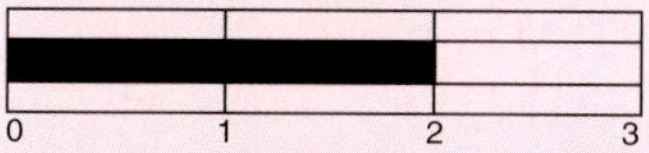

Kraftaufwand

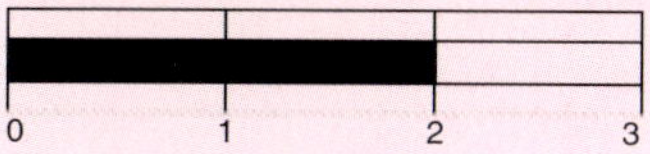

Arbeitszeit
Für den kompletten Aufbau mit Verputzen brauchen Sie zwischen 16 und 20 Stunden.

Ersparnis
Schon gegenüber einfachen Mitnahmemöbeln sparen Sie weit über 500 DM.

Schon immer waren die **Dachschrägen** von Mansardenwohnungen ein Problem bei der Inneneinrichtung. Ein ausgebautes Dach ohne Drempel hat viel ungenützten Raum, in den auch kaum ein Möbelstück paßt. Mauert man die Dachschräge jedoch glatt und gerade ab, wird der Raum verkleinert und verliert an Großzügigkeit.
Wir zeigen Ihnen deshalb ein Beispiel, wie Sie Drempelabmauerung und Raumgestaltung sinnvoll miteinander kombinieren können. Die Dicke der Planbauplatten spielt dabei eine wesentliche Rolle. Sie benötigen keine Hilfsstützen und können somit frei aufbauen und gestalten.

1 Der neue Arbeitsplatz fügt sich harmonisch in die gesamte Wohnsituation ein. Durch seine raumsparende Plazierung in der Ecke schafft er außerdem Platz für eine weitere, attraktive Nutzung des Raumes.

2 Der erste Arbeitsschritt ist das genaue Einmessen des Aufbaus. Prüfen Sie dann, ob Sie genügend Steh- und Sitzhöhe berücksichtigt haben. Rücken Sie mit dem Aufbau gegebenenfalls et-

2

3

4

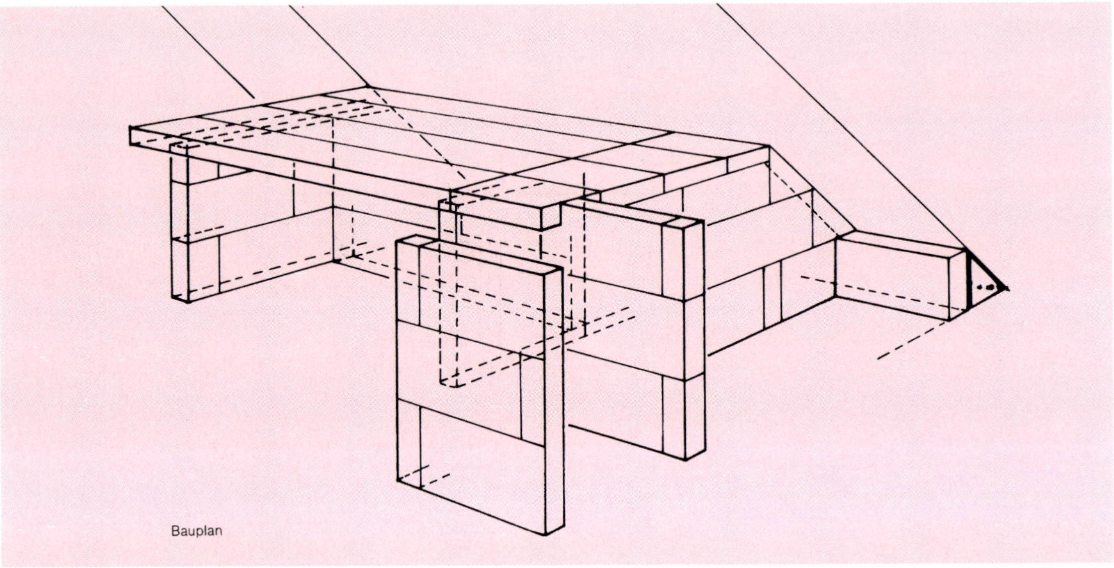

5

was weiter von der Dachschräge ab. Kleben Sie die Planbauplatten direkt auf den Estrich.

3 Gleichzeitig mit dem Aufbau des Schreibtisches mauern Sie den **Drempel** ab. Paßstücke für die Dachschräge lassen sich leicht von Hand zusägen. Achten Sie auf den Mauerverbund.

4 Das etwas nach vorne gezogene, von beiden Seiten zugängliche **Bücherregal** setzt nicht nur einen gestalterischen Akzent, sondern trennt in seiner Funktion als Raumteiler auch den Arbeitsplatz vom Wohnbereich etwas ab. Zusätzlich schafft man sich hiermit **Stauraum** und Ablagefläche. Als Regal können Sie, wie hier, auch kunststoffbeschichtete Spanplatten verwenden.
Die »Randlage« des Schreibtisches ermöglicht Ihnen ein konzentriertes Arbeiten, auch wenn sich noch weitere Personen im Raum befinden.

5 Der Aufbauplan zeigt Ihnen noch einmal deutlich, wie der Schreibtisch in die vorgefundene Dachschräge eingepaßt wurde. Gut erkennbar ist der Mauerverbund und die Auflage der massiven Arbeitsplatte, die aus 4 Stürzen besteht. Die **Arbeitshöhe** entspricht der üblicher Schreibmöbel, kann aber Ihrer Körpergröße entsprechend verändert werden.

6 Grundriß und Ansicht zeigen die vorgeschlagenen Baumaße.

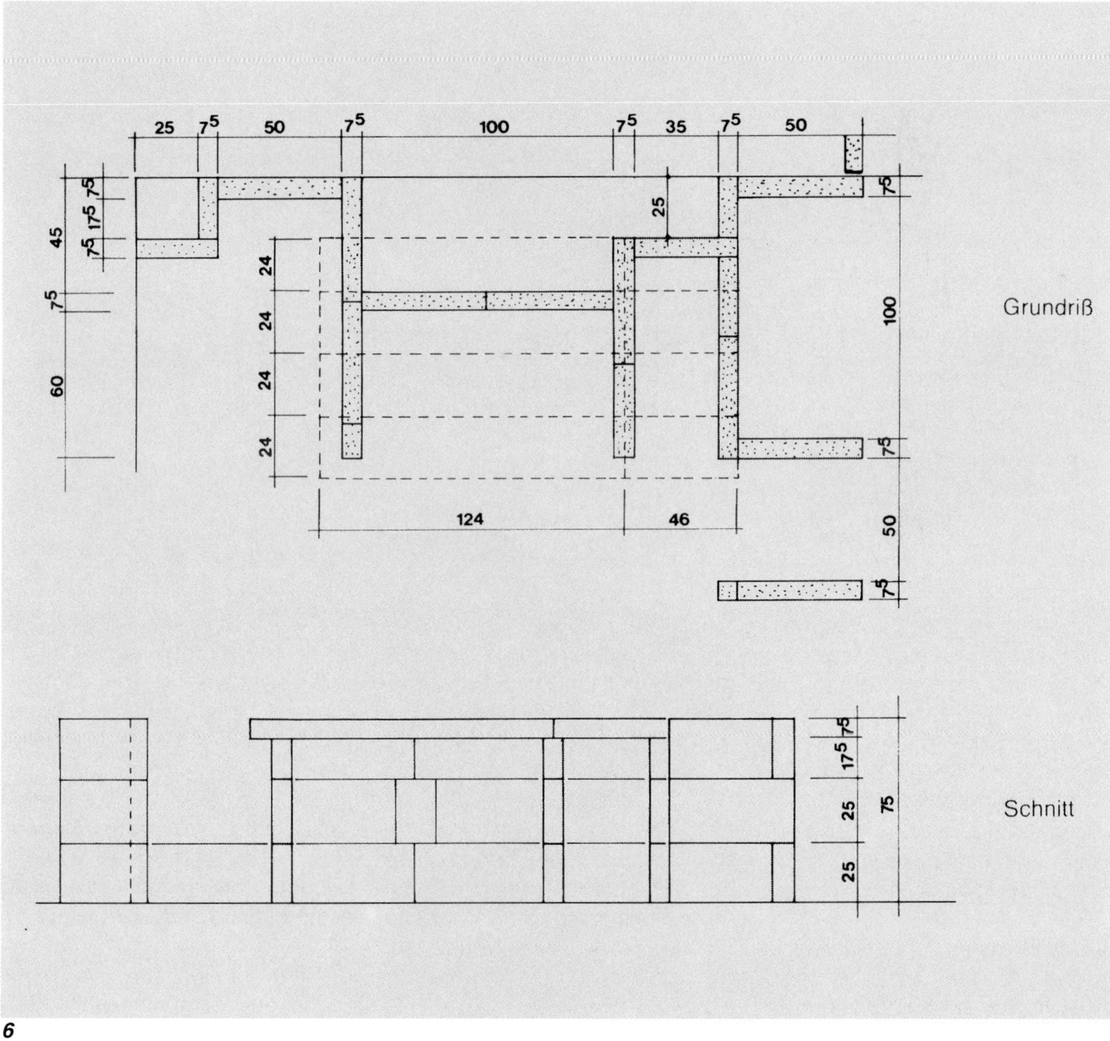
25
7^5
50
7^5
100
7^5
35
7^5
50
45
17^5
60
24
24
24
24
25
100
50
124
46
Grundriß
Schnitt
17^5
25
25
75

6

»Kommandostand« für die große Wäsche

1

Material

Planbauplatten 47 x 50/25/7,5, 2 x 75/50/7,5, Fliesen, Sanitärbedarf.

Werkzeug

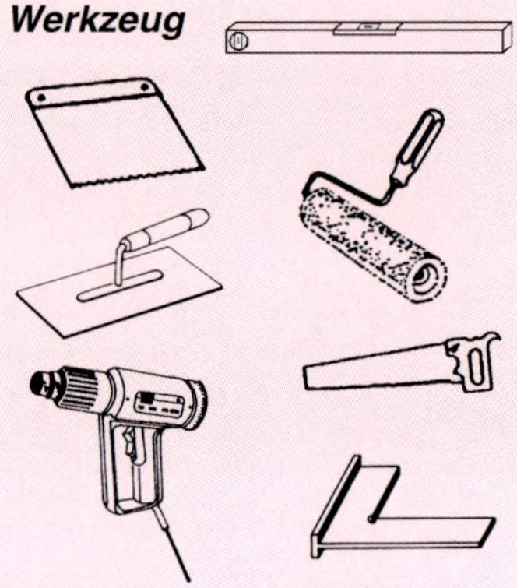

Schwierigkeitsgrad

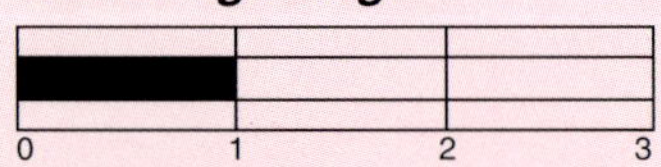

Kraftaufwand

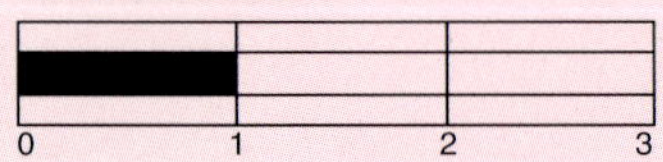

Arbeitszeit

Diese Arbeit ist an 2 Tagen zu erledigen.

Ersparnis

Je nachdem, ob ein Wasseranschluß vorhanden ist, sparen Sie 500 bis 1 000 DM.

1 Einen gefliesten **Waschtisch**, in dem Waschmaschine und Wäschetrockner integriert sind, können Sie leicht selbst aus Plansteinen bauen.

2 Ein zusätzlich integriertes Waschbecken dient zum Einweichen und ist für eine schnelle Handwäsche sehr hilfreich.

Ein besonderer Vorteil dieses Waschtisches liegt darin, daß Sie ihn Ihrer persönlichen **Arbeitshöhe** anpassen können. Ebenso können Sie sich verschiedene Arbeitsplätze mit unterschiedlichen Höhen schaffen und so Ihre Wirbelsäule bei der Arbeit entlasten.

Eine geflieste Arbeitsfläche ist besonders geeignet, da sie sowohl wasserunempfindlich als auch bei geeigneter Materialwahl widerstandsfähig gegen aggressive Waschmittel ist. Außerdem lassen sich glasierte Fliesen gut sauber halten.

3 Mit etwas Phantasie läßt sich dieser Arbeitsplatz auch in der **Küche** als fast professionelle, integrierte Koch- und Arbeitsfläche vorstellen.

2

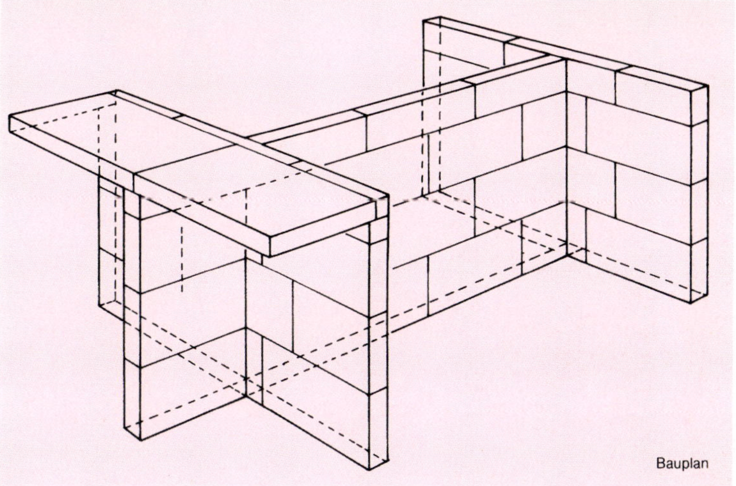

3

Für Kellergeister: Großer Party- und Gästeraum

1

Material
(ohne Raumteiler Bild 4)
Bartresen: Planbauplatten 54 x 50/25/7,5 und 3 x 75/50/10; Eckbank: Planbauplatten 25 x 50/25/7,5, 6 x 50/25/10 und 13 x 62,5/25/10; Material zum Verputzen und Malern, Regalböden für Tresen.

Werkzeug

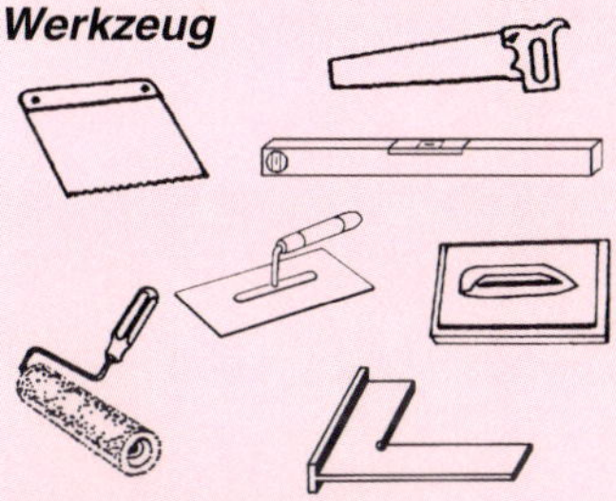

Schwierigkeitsgrad

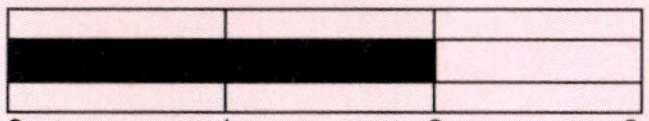

Kraftaufwand

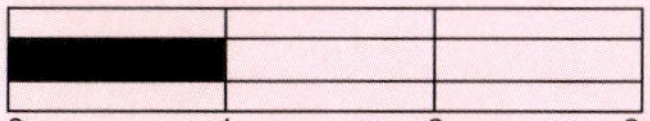

Arbeitszeit
Der komplette Aufbau dauert 5 bis 6 Tage à 8 bis 10 Stunden.

Ersparnis
Durch Eigenarbeit sparen Sie ca. 800 DM, gegenüber gekauften Mitnahmemöbeln einige tausend Mark.

2

4

3

5

Ganz besonders eignet sich die robuste und massive Bauweise mit Porenbetonsteinen für die Gestaltung eines Partyraums.

1–2 Der Einbau gliedert sich in zwei Teile: einen Bar- und einen Sitzteil. Sitzfläche und Ablage sollten in der Höhe aufeinander abgestimmt sein. Dies gilt auch für den Barbereich. Wählen Sie die Höhe so, daß man sowohl mit Barhockern bequem daran sitzen als auch stehend sich gut daran anlehnen kann.

Den Tresen für die **Bar** bauen Sie so tief, daß darunter ein Kühlschrank und mehrere Träger mit Getränken Platz finden können.

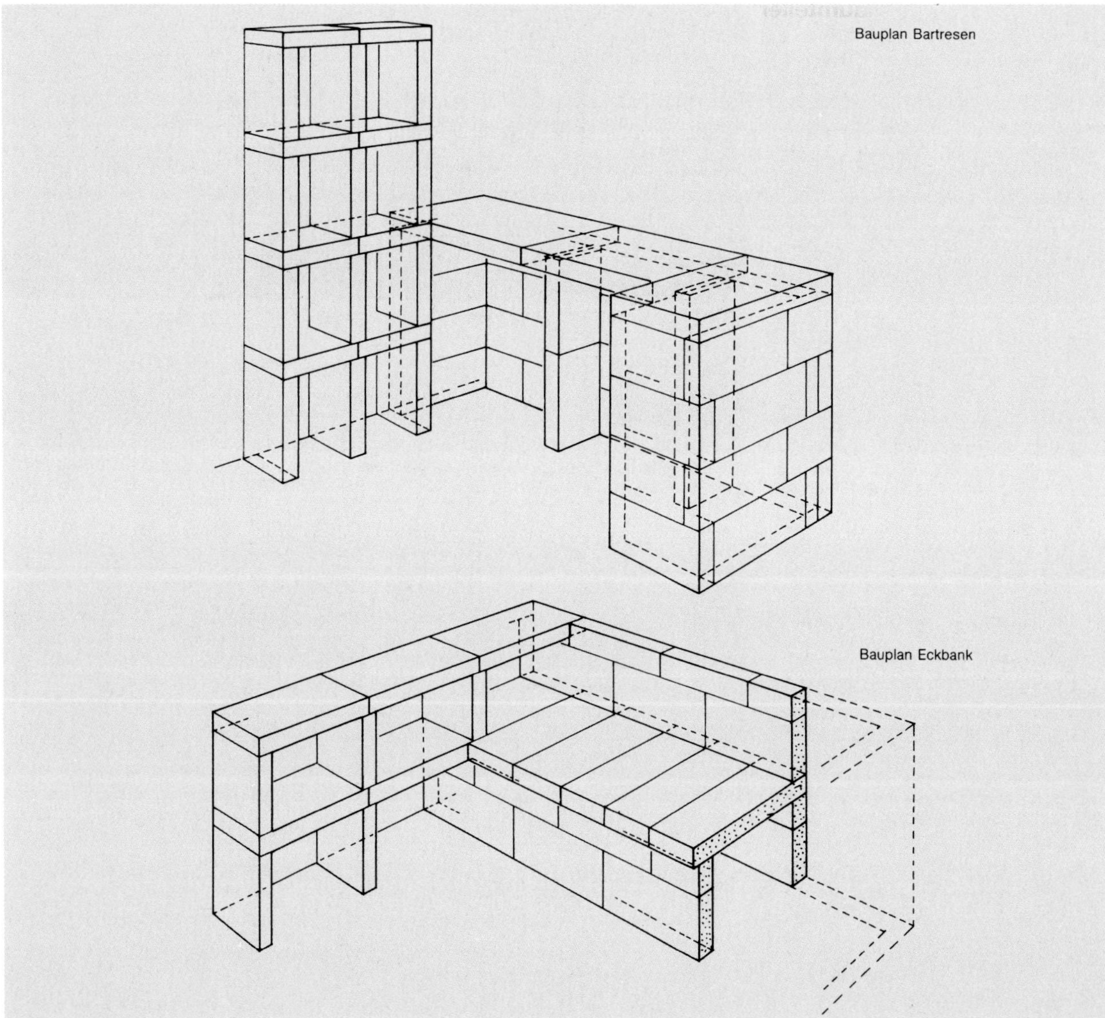

6

3–4 Ein zusätzlicher **Raumteiler** schafft weitere Ablagefläche und trennt Barbereich von Gesellschaftsbereich. Die Höhe wird so gewählt, daß der Raumteiler bei Bedarf auch Tischfunktion übernehmen kann.

Die **Ablagefläche** wird, wie der ganze Raumteiler, glatt verputzt und mit waschfester Farbe gestrichen. Eleganter als eine geflieste Oberfläche ist eine genau zugeschnittene Glasplatte.

5 Die **Sitzecke** bemessen Sie in Länge und Tiefe so, daß, wenn notwendig, auch einmal Gäste hierauf übernachten können. Die Art der Polsterung bleibt ganz Ihren eigenen Vorstellungen überlassen. Sie können wählen zwischen losen Kissen, wie hier abgebildet, oder einem durchgehenden Polster.

6–7 Bauplan und Grundriß veranschaulichen den gesamten Aufbau von Bar und Sitzecke. Für alle waagrechten Flächen werden mit Ausnahme der Sitzfläche nur Plansteine verwendet. Für die Sitzfläche benötigen Sie 10 cm dicke Planbauplatten in der Standardlänge 62,5 cm.

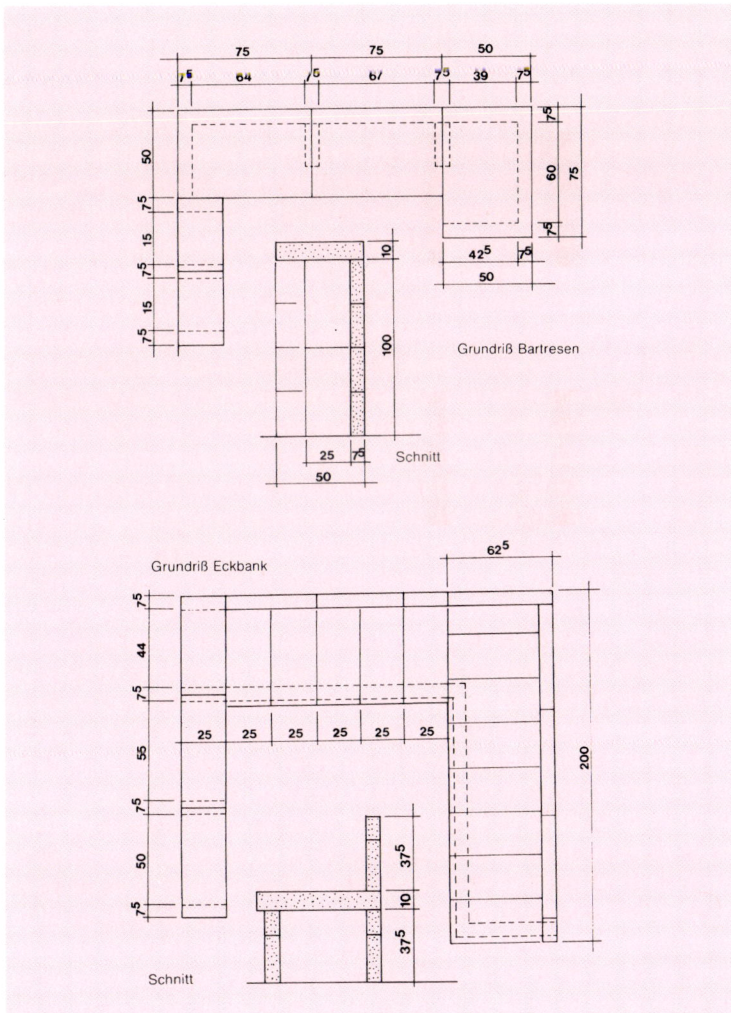

7

Große Sommerküche

1

Material
Planbauplatten 23 x 62,5/25/10 und 17 x 50/25/10, Stürze 12 x 124/24/10, Trockenkleber, Eckschutzschienen, Strukturputz, Farbe, Fliesen, Sanitärbedarf, Dünnbettmörtel, Scharniere, sägerauhe Bretter.

Werkzeug

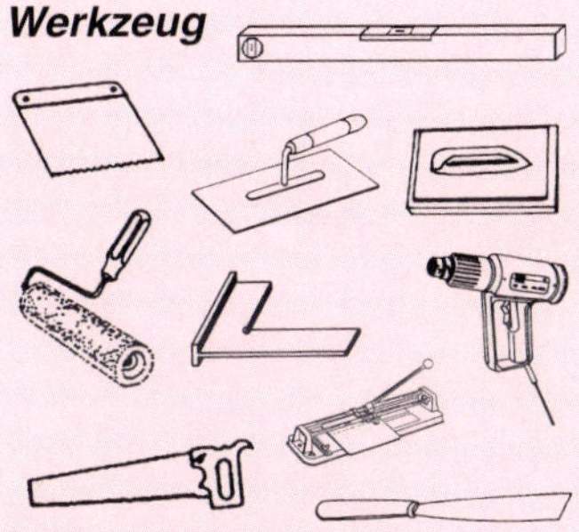

Schwierigkeitsgrad

Kraftaufwand

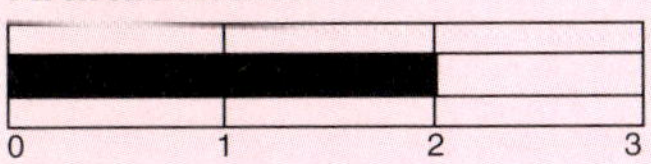

Arbeitszeit
Für diese Arbeit benötigen Sie etwa 1 Woche.

Ersparnis
Wenn Sie diese Küche selbst bauen, sparen Sie mehrere tausend Mark.

Für viele, die schon lange eine Alternative für die oft streß- und staugeplagten Ausflugs- und Urlaubswochenenden suchen, bietet die große Sommerküche ein echtes Angebot.
Ohne auf die häusliche Bequemlichkeit verzichten zu müssen, entspannen Sie hier unter freiem Himmel. Dabei können Sie Ihr »Urlaubsziel« ganz nach Ihren eigenen Vorstellungen und Wünschen gestalten, unter freiem Himmel kochen und Ihre Freunde zu originellen Grill- und Gartenfesten einladen.

1–3 Auch bei Ihrer Sommerküche im Freien brauchen Sie auf eine Spüle ebensowenig zu verzichten wie auf ein Handwaschbecken. Ihrem Einfallsreichtum sind hier keine Grenzen gesetzt. Auch wenn Sie dafür keinen eigenen Wasseranschluß zur Verfügung haben, können Sie sich leicht mit einem Gartenschlauch behelfen, der allerdings geeignet sein muß, dem Wasserdruck dauerhaft standzuhalten. Diese Behelfslösung hat zudem den Vorteil, daß Sie im Winter den Schlauch entleeren können und keine Angst vor Frostschäden zu haben brauchen.

2

3

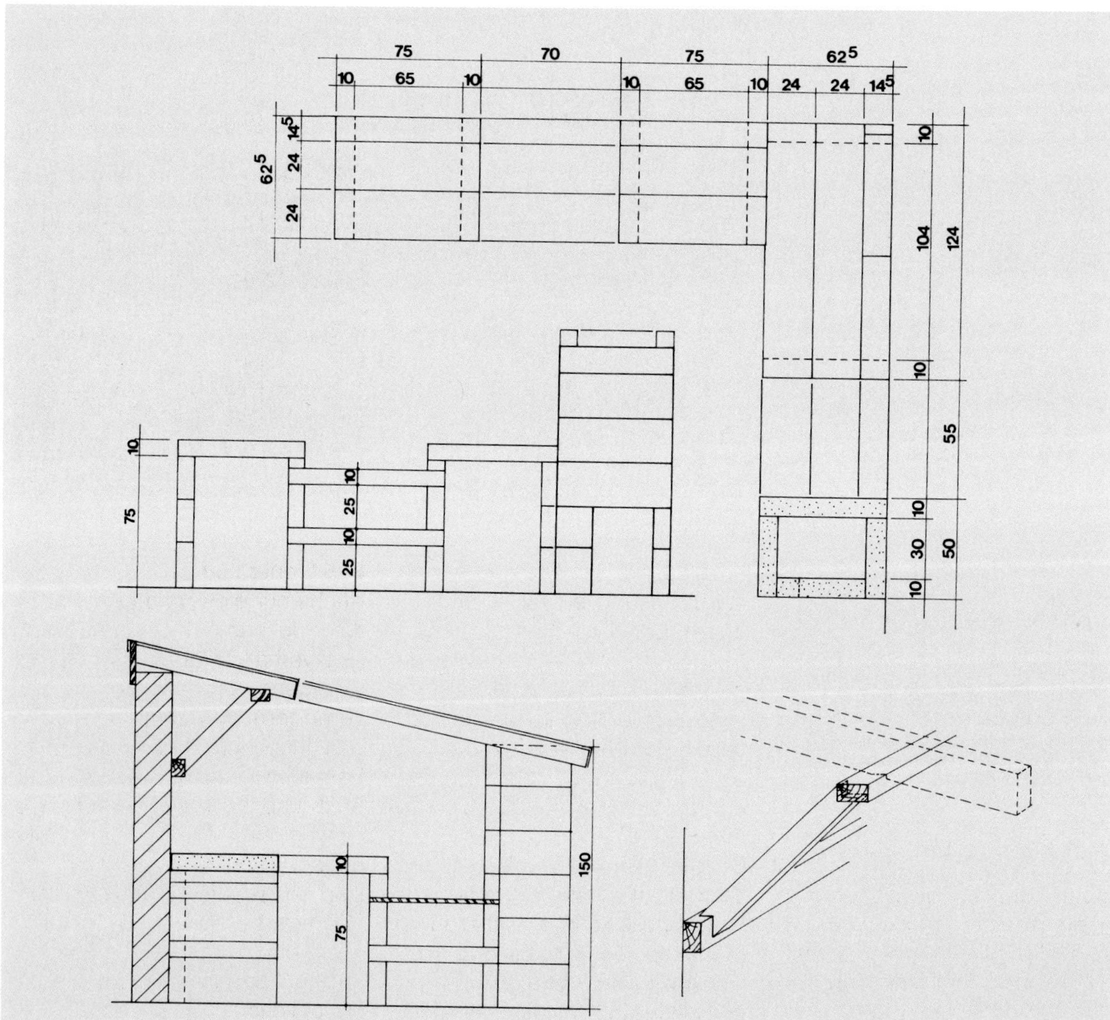
75
70
75
62^5
10
65
10
10
65
10
24
24
14^5
14^5
24
24
62^5
10
104
124
10
55
10
30
50
10
10
75
10
25
10
25
10
75
150

4

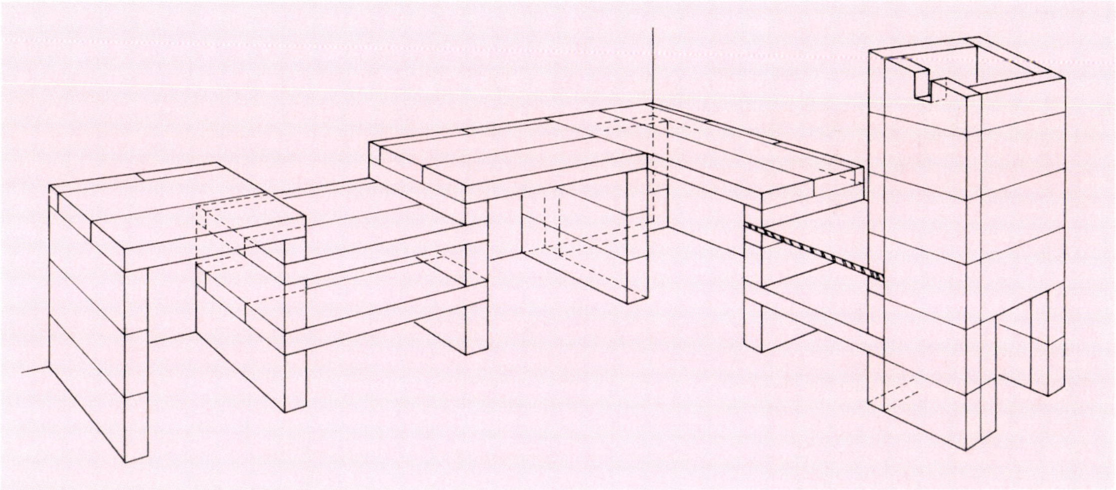

5

Ökotip
Bei der Abwasserbeseitigung sollten Sie der Umwelt zuliebe keinen Kompromiß schließen und den etwas aufwendigeren Anschluß an die Kanalisation durchführen.

Zu einer perfekten Küche gehört natürlich auch eine richtige **Kochstelle**. Die Installation einer transportablen Gasflasche und eines Campingkochers ist sehr einfach und schnell durchgeführt. Um insbesondere Putz und Steine vor Fettspritzern zu schützen und ein einfaches Reinigen der Arbeits- und Kochfläche zu ermöglichen, wird der ganze Kochbereich gefliest.
Das leichte Bearbeiten und Zusägen der Planbausteine ermöglicht Ihnen eine individuelle Planung und Gestaltung Ihrer eigenen Küche.
Bei abgesägten Stürzen müssen Sie die Armierung unbedingt mit **Rostschutzmittel** behandeln. Schützen Sie alle Kanten durch Eckschutzschienen, die anschließend mit verputzt werden.

4–5 Sicher können die Maße der Küche nur eine Anregung für Sie sein. Je nach Raum- und auch Platzverhältnissen werden Sie Ihre eigene Küche entsprechend verändern müssen. Dennoch gibt Ihnen die hier abgebildete Bemaßung Anhaltspunkte über Aufbauhöhe, Größe, Umfang und verwendetes Material. Die hier beschriebenen Abmessungen sind so gewählt, daß sie jeweils für den bestimmten Arbeitsbereich ein einfaches, bequemes und rückenschonendes Arbeiten ermöglichen.

6

7

8

Sicherheitstip
Um Ihre Küche vor Witterungseinflüssen zu schützen, überbauen Sie die Einbauten mit einem Dach. Die Konstruktion des Daches muß entsprechend tragfähig sein, da im Winter häufig mit hohen Schneelasten zu rechnen ist.
Mit einer Regenrinne können Sie zusätzlich den Wasserablauf »steuern«.

6–7 Verkleben Sie alle Steine laut Bauplan. Dann verputzen Sie sie nach Ihren Vorstellungen und Ideen. Die Arbeitsfläche fliesen Sie mit rustikalen Fliesen, die auch starke Temperaturschwankungen aushalten. Vor allem müssen sie für den Außenbereich frostsicher sein.

8 Wenn alle Mauer- und Fliesenarbeiten beendet sind, beginnen Sie mit dem Einbau der **Türen**.

Im Gegensatz zum Innenbereich, wo Sie bei Küchen vor allem Topfscharniere verwenden, bieten hier rustikale Beschläge nicht nur einen optisch ansprechenden Eindruck, sondern sind auch aus befestigungstechnischen Gründen vorteilhafter. Ihre rustikale Bauart ist zudem weniger empfindlich. Auch geben jeweils drei Befestigungsschrauben pro Scharnier in den Planbausteinen einen besonders festen Halt.

Um Fäulnis an den Schranktüren zu vermeiden, lassen Sie zwischen Untergrund und Tür einen Spalt von 1–2 cm, damit keine **Feuchtigkeit** in das Holz gelangen kann.

Ökotip
Verwenden Sie am besten umweltfreundliche Mittel, wenn Sie die Türen beizen, streichen oder mit Holzschutzmittel imprägnieren. Sie sind inzwischen in der Anwendung genausogut geeignet wie lösungsmittelhaltige Produkte und ebenso witterungsbeständig.

Wegen ihrer Widerstandsfähigkeit verwenden Sie am besten Porzellanknäufe. Wenn Sie – wie hier – beabsichtigen, die Terrasse noch zu fliesen, so berücksichtigen Sie, daß die Türen um die Aufbauhöhe der Fliesen gekürzt werden müssen.

Wo finde ich was?